PROCESSAMENTO DE ARROZ

Blucher

Maria Laura Gomes Silva da Luz
Carlos Alberto Silveira da Luz
Ádamo de Sousa Araújo

PROCESSAMENTO DE ARROZ

Branco e parboilizado

Processamento de arroz: branco e parboilizado

Publisher Edgard Blücher
Editores Eduardo Blücher e Jonatas Eliakim
Coordenação editorial Andressa Lira
Produção editorial Mariana Naime
Preparação de texto Ana Maria Fiorini
Diagramação Roberta Pereira de Paula
Revisão de texto Maurício Katayama
Capa Laércio Flenic
Imagem da capa iStockphoto

(*) As imagens utilizadas neste livro não caracterizam preferência por marca ou fabricante. Foram utilizadas devido à sua clareza e disponibilidade somente para ilustrar didaticamente os conceitos mencionados.

(**) As imagens de equipamentos da marca Zaccaria estão sendo usadas com o consentimento da empresa aos autores.

Blucher

Rua Pedroso Alvarenga, 1245, 4º andar
04531-934 – São Paulo – SP – Brasil
Tel.: 55 11 3078-5366
contato@blucher.com.br
www.blucher.com.br

Segundo o Novo Acordo Ortográfico, conforme 6. ed. do *Vocabulário Ortográfico da Língua Portuguesa*, Academia Brasileira de Letras, julho de 2021.

Dados Internacionais de Catalogação na Publicação (CIP)
Angélica Ilacqua CRB-8/7057

Luz, Laura Gomes Silva da
Processamento de arroz : branco e parboilizado / Maria Laura Gomes Silva da Luz, Carlos Alberto Silveira da Luz, Ádamo de Sousa Araújo. – São Paulo : Blucher, 2023.
184 p. : il.

Bibliografia
ISBN 978-65-5506-688-3

1. Arroz – Processamento 3. Arroz – Consumo 4. Arroz parboilizado 5. Arroz – Subprodutos I. Título II. Luz, Carlos Alberto Silveira da III. Araújo, Ádamo de Sousa

23-2144 CDD 664.725

Índices para catálogo sistemático:
1. Arroz – Processamento

PREFÁCIO

Este livro tem como foco o processamento do arroz, apresentando todas as operações unitárias para a obtenção de arroz branco polido e parboilizado, produto que conta com um dos melhores parques tecnológicos para seu beneficiamento na região sul do Rio Grande do Sul, graças à tradição local na produção de arroz e seu beneficiamento.

O livro conta com muitas ilustrações para ser bastante didático, de forma que o leitor entenda completamente o princípio de funcionamento dos equipamentos, o que é difícil de encontrar na literatura nacional. Ainda, são fornecidos todos os conceitos necessários para entendimento das operações, com a terminologia técnica utilizada por profissionais que atuam na área. O livro aborda também os defeitos do arroz, conforme a legislação vigente do Ministério da Agricultura para classificação do arroz.

O livro aborda o tema análise sensorial do arroz, que é uma técnica conhecida nas indústrias de alimentos e que está sendo cada vez mais utilizada para avaliar a qualidade do arroz nas indústrias beneficiadoras desse grão.

Por fim, por meio de *QR codes*, o livro remete o leitor a *slides* com áudios explicativos, na forma de curso, bem como a questionários com respostas para ampliar e consolidar o conhecimento sobre o tema.

Esta é uma obra que pode ser utilizada tanto por estudantes como por profissionais que trabalham com o arroz, mas também por pessoas interessadas em aprender sobre o funcionamento das indústrias de arroz.

Os autores

CONTEÚDO

CAPÍTULO 1
Introdução

O arroz (*Oryza sativa*, L.) é o cereal mais cultivado no mundo, sendo considerado como alimento básico para mais da metade da população humana mundial.

A grande maioria da produção mundial de arroz está em países asiáticos. A China é a maior produtora, seguida da Índia. Na safra 2019/2020, os oito maiores produtores de arroz foram países asiáticos. O Brasil foi o nono da lista.

Nos trópicos, o arroz é a principal fonte de nutrição humana. O consumo *per capita* de arroz na Ásia permaneceu estável nos últimos trinta anos. Em diversos países da África e da América Latina existem culturas mais importantes que a do arroz. O arroz contribui, em média, com menos de 10% do total de calorias ingeridas, embora em Guiné, Guiana, Suriname, Libéria, Madagascar e Serra Leoa, por exemplo, entre 31% e 45% do total de calorias ingeridas venham do arroz. A maioria dos países com alta produção de arroz são aqueles em desenvolvimento, classificados pelo Banco Mundial como "economias de baixa renda". Para esses países, o arroz não só é o principal produto de comércio como também a principal atividade e fonte de emprego e renda das populações rurais.

Para o ano de 2025, a população mundial estimada é de 10 bilhões de pessoas, mais da metade das quais vão depender do arroz como seu principal alimento. Projeções indicam que o mundo necessitará de cerca de 880 milhões de toneladas de arroz em 2025, ou seja, 92% mais arroz do que foi consumido em 1992. No sul da Ásia, onde a pobreza é extensiva, espera-se que a necessidade de arroz dobre nos próximos quarenta anos. As necessidades de produção poderão ser ainda maiores se forem considerados os estoques reguladores, as sementes e os usos não alimentícios.

Essa poácea (gramínea) é uma das fontes alimentícias mais importantes na dieta nacional. O Rio Grande do Sul responde por 70% da produção nacional de arroz, tendo iniciado a produção no final da década de 1930 e introduzido o processo de parboilização na década de 1950.

As lavouras irrigadas começaram com o uso de locomóveis para bombeamento mecânico da água, em Pelotas, em 1904. A colheita era manual, e a secagem, ao sol. Não existiam máquinas nem tratadores para realizar as tarefas de campo na região. Somente após os anos 1950 começaram a ser utilizadas máquinas para o cultivo do arroz, como tratores, disco de boi, grade de corrente, arado, semeadeiras, trilhadeiras, secadores e outros.

Desde então houve um incremento tecnológico, a introdução de variedades cada vez mais adaptadas e mais produtivas, com um consequente aumento da produtividade.

A Figura 1.1 mostra que houve pouco acréscimo de área cultivada com arroz no Rio Grande do Sul, mas um grande crescimento da produção e da produtividade ao longo do tempo. Na safra 2020/2021 houve um aumento de pouco mais de 11 mil ha de área plantada e também um aumento da produtividade, que passou de 9.010 kg/ha.

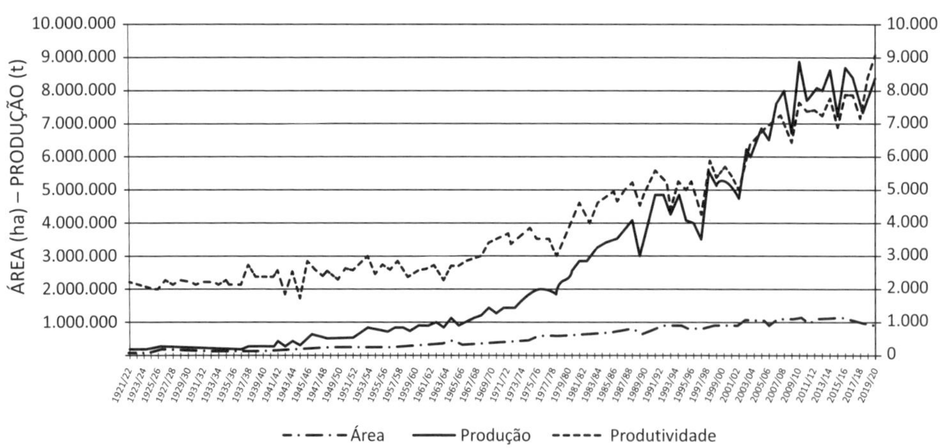

Figura 1.1 – Série histórica de produção, produtividade e área plantada com arroz no Rio Grande do Sul – safras 1921/1922 a 2019/2020.

Fonte: Adaptação de IRGA, 2021.

A região sul e a fronteira oeste do Rio Grande do Sul destacam-se como grandes produtoras e grandes beneficiadoras de arroz. A produção gaúcha tem ênfase no arroz irrigado, em grandes lavouras que utilizam alta tecnologia.

Em 2020, o Rio Grande do Sul possuía 177 empresas beneficiadoras de arroz. As cinquenta maiores indústrias respondem por 85,8% do mercado de beneficiamento do estado. Em Pelotas, cidade que é um grande polo beneficiador desse produto, situam-se várias dessas empresas, inclusive algumas das dez maiores produtoras do estado, como Josapar (segunda maior empresa beneficiadora de arroz do Rio Grande do Sul), Arrozeira Pelotas (quarta no *ranking*), SLC Alimentos, Santa Lúcia, Nelson Wendt. Algumas dessas empresas beneficiam arroz branco e arroz parboilizado, além de outros produtos. Em São Borja está localizada a empresa Pirahy, segunda no *ranking* das maiores produtoras de arroz beneficiado. Camaquã também tem grandes empresas beneficiadoras de arroz, como a Camil – maior empresa beneficiadora de arroz do Rio Grande do Sul – e a Santalúcia, por exemplo.

No arroz, as exigências comerciais básicas estão relacionadas a grãos perfeitos, maduros, secos e isentos de impurezas, influindo a porcentagem de quebrados. Os tamanhos dos grãos (longo, médio, curto), determinados pelas variedades, têm características diferentes após a cocção. O grão longo fica macio e solto e tem maior preço no mercado nacional. O longo fino, conhecido como "agulhinha", é o arroz preferido e mais valorizado no sul do Rio Grande do Sul. O médio, mais macio, ao ser cozido fica medianamente solto; já o curto fica mole e pastoso. Essas características são dadas pela composição do amido. O grão longo possui maior teor de amilose, e o curto, maior teor de amilopectina, que torna o produto glutinoso. Todas as características tecnológicas de classificação do arroz são estabelecidas por normativas do Ministério da Agricultura – especialmente a Instrução Normativa n.º 6/2009 (BRASIL, 2009a).

O arroz é uma das fontes alimentícias de energia e proteína de menor custo. A maior parte do arroz é consumida como arroz branco polido, apesar do valioso conteúdo alimentício do arroz integral. Grande parte desses nutrientes são perdidos quando o farelo é removido na etapa de brunimento. O arroz integral, a forma mais consumida antes do desenvolvimento dos equipamentos de engenho modernos, perdeu seu apelo devido às mudanças nas preferências do consumidor por cor, sabor e outras peculiaridades, porém, com o retorno de práticas alimentares mais saudáveis, há atualmente uma tendência de maior consumo desse arroz. Pessoas com consciência nutricional nos países europeus, onde o arroz não é o principal produto comercializado, preferem o arroz integral. Entre as desvantagens do arroz integral com relação ao arroz branco, segundo Henry e Kettlewell (1996), estão:

a) a maior necessidade de combustível para a cocção;

b) a possibilidade de causar distúrbios digestivos;

c) o óleo do farelo (camadas de aleurona) tende a rancificar;

d) a redução da vida de prateleira.

O consumo anual de arroz no Brasil varia de 34 a 48 kg/habitante, o terceiro mais elevado na América Latina.

Tanto do ponto de vista econômico como do social, verifica-se que os benefícios advindos de um incremento da parboilização no Rio Grande do Sul são importantes e compensadores. De um lado, propicia um aumento de receita aos empresários, com a redução da quebra dos grãos no processamento. Por outro, oferece alimento mais nutritivo aos consumidores. Os benefícios também são maiores para o estado, pelo aumento da arrecadação tributária, pois o arroz parboilizado tem mais valor agregado que o branco, bem como pela redução nos gastos com a saúde pública, principalmente no setor de baixa renda da sociedade, mais sujeito a carências nutricionais.

No Rio Grande do Sul, 8% do arroz é parboilizado e 92% é submetido ao processo convencional de beneficiamento – arroz branco. O consumo de arroz parboilizado tem crescido, estando em torno de 20% a 25% do total de arroz consumido no país.

A classificação do arroz é determinada pela Instrução Normativa n.º 6/2009 (BRASIL, 2009a), que classifica o produto em dois grupos: arroz em casca e arroz beneficiado. O arroz em casca pode ser classificado em dois subgrupos, natural ou parboilizado; e o arroz beneficiado, em quatro subgrupos, integral, polido, parboilizado integral ou parboilizado polido. A legislação ainda divide as subclasses conforme o tipo, e cada tipo (1 a 5), com limitações quanto à presença de defeitos. A IN n.º 6/2001 também apresenta um glossário de termos usados na indústria do arroz.

Arquivo de áudio de apresentação

CAPÍTULO 2
Comércio mundial

Na maior parte da Ásia, o arroz é cultivado em pequenas lavouras, que possuem entre 1 e 3 hectares e podem ter até menos de 1 hectare nos países mais densamente povoados. Um típico orizicultor asiático cultiva o necessário para atender às necessidades básicas de sua família. No Brasil, 70% do arroz cultivado está em lavouras comerciais de mais de 50 hectares, segundo dados do International Rice Research Institute (IRRI), um importante instituto de pesquisa filipino com escritórios em mais de uma dezena de países.

Em torno de 5% da produção mundial de arroz é comercializada internacionalmente. Por exemplo, a variedade de alta qualidade "Basmati", produzida no Paquistão e no noroeste da Índia, possui um preço de comércio internacional quatro vezes maior do que o arroz local comum, consumido pela população de baixa renda.

Nesse estreito e volátil mercado global de arroz, a maioria dos países não pode depender da importação para garantir as necessidades alimentícias de suas populações. Um importante objetivo político na maioria dos países que dependem do arroz é buscar a autossuficiência na produção de arroz para manter os níveis de preço. Por exemplo, se a China quisesse comprar 10% de seu consumo doméstico, a necessidade de arroz no mercado mundial poderia aumentar em mais de 88%, o que poderia afetar muito os preços internacionais. Poucos países em desenvolvimento possuem infraestrutura de comércio exterior adequada para a maioria das compras internacionais.

O preço do arroz no mercado pode variar em função de mudanças climáticas anuais. Essa situação torna os preços domésticos altamente instáveis. O controle de preços, mediante grandes estoques reguladores, pode beneficiar os consumidores urbanos, mas normalmente mantém o nível de preço abaixo do preço mínimo para produção. O mercado mundial é pequeno e poucas reservas são mantidas.

Em 2022, o Brasil exportou 2,11 milhões de toneladas de arroz, segundo a Associação Brasileira da Indústria do Arroz (Abiarroz), volume esse que é praticamente o dobro do exportado em 2021. Essa associação avalia que esse crescimento da exportação se deve à volta da normalidade do comércio global, após a pandemia de Covid-19 e a ações estratégicas realizadas no setor desse mercado.

Os países que importaram o arroz beneficiado brasileiro em 2022 foram: Senegal, Cuba, Peru, Gâmbia, Venezuela, Estados Unidos, Holanda, Espanha, Portugal e Argélia. Além desses, novos mercados foram abertos para: Honduras, El Salvador, Líbia, Quênia, Lituânia, Guadalupe, Omã, Benin e Gabão. Ao todo, o arroz brasileiro é comercializado em noventa diferentes países, tanto em casca como beneficiado.

Como o arroz tem seu mercado interno nos países muito mais relevante do que o comércio externo, ainda há controvérsias se o arroz pode ser considerado uma *commodity*, uma vez que não tem seu preço fixado internacionalmente. Apesar disso, o projeto Brazilian Rice, uma iniciativa da Abiarroz em parceria com a Agência Brasileira de Promoção de Exportações e Investimentos (Apex-Brasil), vem trabalhando pelo aumento e consolidação das exportações brasileiras de arroz beneficiado, tornando o Brasil um *player* com reconhecimento internacional pela qualidade do arroz nacional e capacidade produtiva.

A exportação de arroz beneficiado agrega mais valor ao produto, deixando a mão de obra e os respectivos impostos dentro da cadeia produtiva brasileira.

O Brasil também importa arroz, em especial de países vizinhos sul-americanos. Em 2020/2021, esse comércio atingiu 1,35 milhão de toneladas, maior patamar em doze anos.

Arquivo de áudio 1

Questionário 1

CAPÍTULO 3

Estrutura e composição do arroz

O grão de arroz em casca é composto de uma camada protetora externa (a casca) e a cariopse (arroz integral descascado). O arroz integral descascado é constituído pelas camadas externas (pericarpo, tégmen ou tegumento e camada de aleurona); germe ou embrião e endosperma. O endosperma consiste na camada de aleurona e no endosperma amiláceo. A camada de aleurona reveste o endosperma amiláceo e o embrião. O pigmento está no pericarpo (Figura 3.1).

A casca é formada por duas folhas modificadas, chamadas pálea e lema, e constitui aproximadamente 20% do peso do arroz em casca, mas esse valor pode variar de 16% a 28%. Na distribuição do peso do arroz integral descascado, o pericarpo representa de 1% a 2%, as camadas de aleurona de 4% a 6%, o embrião 1%, o escutelo 2% e o endosperma de 90% a 91%.

A camada de aleurona varia de uma a cinco camadas de células; ela é mais espessa no lado dorsal do que no lado ventral, e é mais espessa em grãos curtos do que em grãos longos. As células de aleurona e o embrião são ricos em corpos proteicos e lipídicos.

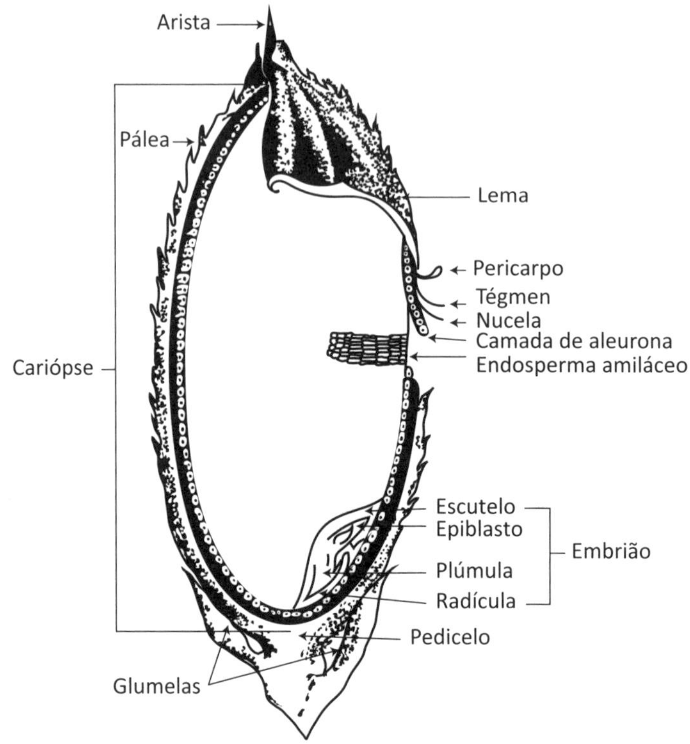

Figura 3.1 – Partes de um grão/semente de arroz.

Fonte: Adaptação de MACLEAN *et al.*, 2002.

As células do endosperma possuem paredes finas e envolvidas com amiloplastos (plasto ou corpúsculo intracelular incolor que transforma os açúcares solúveis em amido, ficando este depositado no interior das células sob a forma de granulações), que contêm grânulos de amido e alguns corpos proteicos e lipídicos (Figura 3.2). As duas camadas de células mais internas à aleurona (camada de subaleurona) são ricas em proteínas e lipídeos e têm menos amiloplastos e grânulos de amido do que o endosperma. Os grãos de amido são poliédricos, com tamanho entre 3 e 9 micrômetros e distribuição unimodal. As proteínas ocorrem principalmente na forma de corpos esféricos de proteínas, com tamanho entre 0,5 e 4 micrômetros, em todo o endosperma. Corpos proteicos cristalinos e corpos esféricos pequenos estão localizados na camada de subaleurona.

O amido é um polissacarídeo unicamente produzido por plantas na forma de grânulos, que são pequenos agregados individuais de tamanhos regulares ou não, compostos por amilose e amilopectina, visíveis somente com microscópio. A forma, a estrutura e o tamanho desses grânulos variam de acordo com a espécie de planta e com seu estágio de desenvolvimento: quanto mais maduros, menos amido contêm, pois o amido terá se degradado em formas mais simples. Os grânulos de amido do arroz são considerados pequenos comparados a outras espécies.

Dentro das células vegetais existem as organelas celulares e dentre elas, em algumas espécies, existem os amiloplastos. Dentro dos amiloplastos estão os grânulos de amido. Também existem dentro da célula vegetal esferas chamadas de corpos proteicos, bem como corpos lipídicos. Em escala de tamanho, os corpos lipídicos representam cerca de 5% do tamanho dos grânulos de amido e os corpos proteicos, menos de 3%.

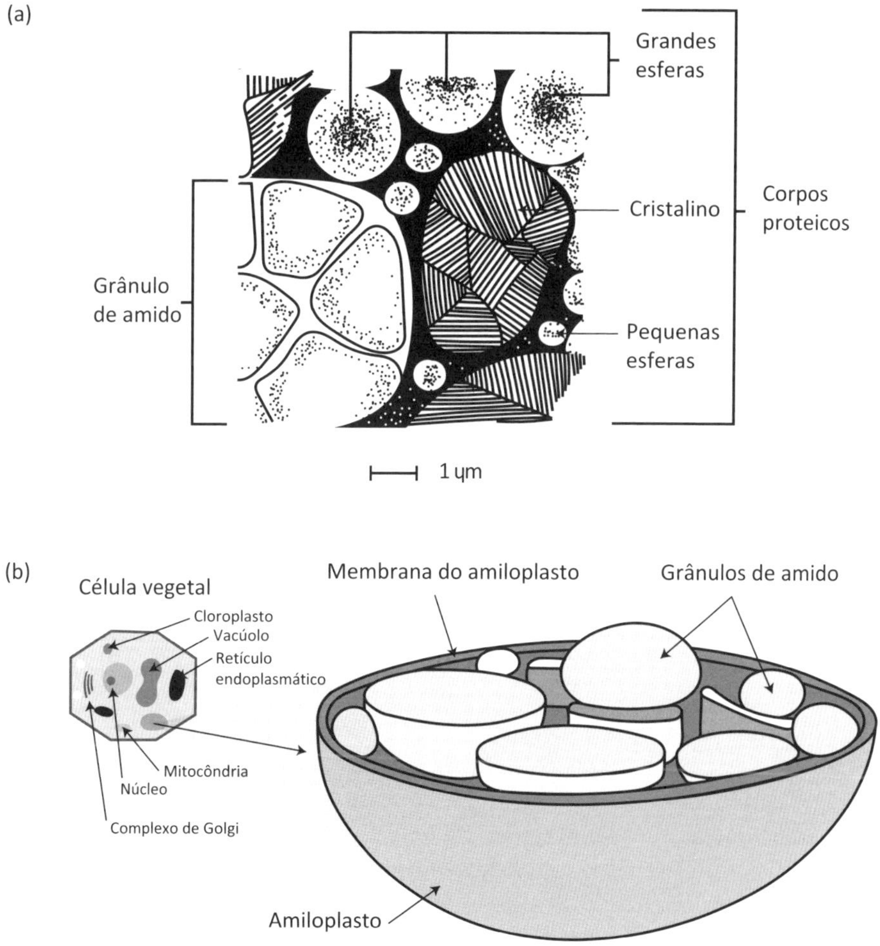

Figura 3.2 – Composição do amido do arroz.

Fontes: a) Adaptação de JULIANO, 1993; b) Adaptação de https://www.shutterstock.com/es/search/amiloplasto

O arroz não ceroso ou não glutinoso (contendo amilose e amilopectina) possui o endosperma translúcido, vítreo e brilhante depois de cozido, enquanto o arroz ceroso (0% a 2% de amilose) tem o endosperma opaco, devido à presença de poros entre os grânulos de amido. Depois de cozido, fica glutinoso, pegajoso e com uma massa pastosa. Dessa forma, os grãos de arroz cerosos ou glutinosos têm entre 95% e 98% do peso dos grãos de arroz não cerosos.

O amido, portanto, basicamente é composto por moléculas de amilose e de amilopectina, ambas formadas por uniões de moléculas de glicose por ligações glicosídicas. O que diferencia a amilose é que as moléculas de glicose se unem por ligações do tipo α-1,4, originando uma cadeia linear, helicoidal. A amilopectina é formada por unidades de glicose unidas em α-1,4 e α-1,6, em uma estrutura ramificada. As proporções de amilose e amilopectina diferem em relação às espécies, às variedades de uma mesma espécie e conforme o grau de maturação da planta. No arroz, a proporção de amilose/amilopectina está correlacionada com propriedades sensoriais como maciez, coesão, cor, brilho e volume de expansão, importantes na cocção do arroz e relacionados aos hábitos de consumo de determinada população. Essas estruturas são mostradas na Figura 3.3.

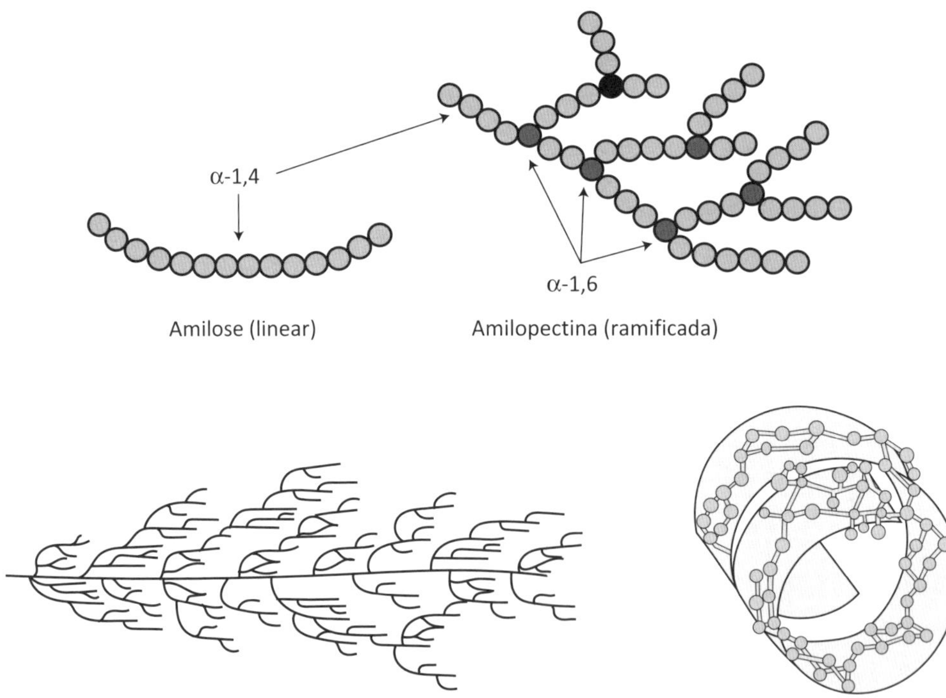

Figura 3.3 – Estrutura química do amido mostrando o tipo de união das moléculas de glicose.

Fonte: Elaboração própria.

O teor de amilose pode variar entre 0% e 35%, e os cultivares se classificam em de baixo teor (<21%), intermediário (21% a 25%) e alto teor (>25%). Um alto teor de amilose normalmente resulta em grãos que cozinham firmes e soltos, que podem endurecer após o resfriamento. Um baixo teor resulta em grãos macios e pegajosos no cozimento. Os cultivares com teor intermediário são preferidos pelo consumidor brasileiro e apresentam grãos secos e soltos após cozimento, que se mantêm macios no reaquecimento. O brasileiro, em geral, também aprecia grãos com cor clara, odor e sabor pouco pronunciados e com coesão suficiente para incorporar feijão e molhos. Todas as características sensoriais do arroz são questões culturais de cada sociedade. Nos últimos anos, vêm sendo introduzidas variedades diferenciadas no mercado nacional, como: arroz preto, arroz vermelho, arroz tailandês (aromático), arroz arbóreo, japonês, dentre outros, cada qual para a produção de pratos específicos. O arroz selvagem, apesar de ser preto, não pertence à família *Oryza*, mas sim à *Zizania* sp, típica do Canadá. Além desses produtos, a farinha de arroz tem sido comercializada como opção à farinha de trigo para pessoas celíacas, ou seja, que não podem consumir glúten, uma vez que a farinha de arroz é isenta dessa substância.

O amido tem a capacidade de absorver água fria, inchando-se entre 10% e 20%, mas esse processo pode ser revertido pela secagem. Se a absorção ocorrer com água aquecida (de 61 °C a 77 °C para o arroz), porém, o processo, chamado de gelatinização, é irreversível, formando uma pasta viscosa. Nesse caso, a estrutura do amido, que era cristalina, passa a ser amorfa.

A temperatura de gelatinização (T_G) do arroz varia entre 65 °C e 73 °C. Essa temperatura é estabelecida quando 90% dos grânulos de amido são gelatinizados ou inchados irreversivelmente na água quente e perdem a birrefringência, isto é, quando os grãos começam a absorção de água durante o processo de cocção, iniciando o processo de amolecimento. A birrefringência é a dupla refração da luz, intimamente ligada com a velocidade e a direção de propagação da luz óptica observada em microscópio óptico, sob luz polarizada, o que indica um certo grau de organização molecular do amido.

A T_G indica o grau de resistência à cocção, relacionada ao tempo de cozimento. Variedades de arroz com T_G baixa (63 °C a 68 °C) e intermediária (69 °C a 73 °C) necessitam de menos tempo e água para cozinhar e, portanto, de menos energia. Variedades com T_G alta (74 °C a 80 °C) estão correlacionadas com baixo teor de amilose e requerem mais água e mais tempo para cozinhar, ou seja, são mais resistentes à gelatinização. Nesse caso, o centro dos grãos desses cultivares pode permanecer semiduro após a cocção, o que é uma característica indesejável.

O arroz tem grande importância na dieta brasileira, faz parte da cesta básica como produto essencial e, em conjunto com o feijão, é considerado o prato típico brasileiro. Nutricionalmente, arroz e feijão é uma combinação equilibrada e complementar, porque o arroz possui a metionina e a cisteína que faltam no feijão e o feijão possui a lisina que falta no arroz. Estes são aminoácidos essenciais para a formação de proteínas e juntos equivalem à carne em uma dieta saudável. A dupla arroz e feijão também é rica em vitaminas do complexo B, ferro e cálcio.

A Tabela 3.1 mostra uma comparação entre grupos de arroz quanto à sua composição. Observa-se que qualquer arroz é um grão amiláceo, sendo composto na sua maioria, portanto, por carboidratos (amido). Observa-se também que o arroz integral possui mais proteínas, mais lipídios e mais fibras que os outros dois, pois esses compostos não foram removidos no brunimento e polimento, durante o beneficiamento do arroz. Por fim, observa-se que o arroz parboilizado está numa posição intermediária entre o branco e o integral, sendo, por isso, mais nutritivo que o branco.

O arroz integral (não polido) é aquele cujo grão conserva as películas envolventes. Sob o aspecto nutricional, esse grão é superior ao polido, apreciado pelos adeptos da macrobiótica e da alimentação natural, pois os nutrientes e a vitamina B encontram-se em maior concentração nesta parte que o grão perde durante o brunimento e o polimento, ficando a maioria dos nutrientes no farelo.

Tabela 3.1 – Percentual de amido total, proteínas, lipídios, cinzas e fibra total do arroz integral, branco polido e parboilizado polido (base seca)

Constituinte	Arroz branco polido (%)	Arroz parboilizado polido (%)	Arroz integral (%)
Amido total	87,58	85,08	74,12
Proteínas	8,94	9,44	10,46
Lipídios	0,36	0,69	2,52
Cinzas	0,30	0,67	1,15
Fibra total	2,87	4,15	11,76

Fonte: WALTER *et al.*, 2008, adaptado de STORCK (2004).

O arroz integral é o mais nutritivo, mesmo considerando que contém ácido fítico ou fitato em suas camadas periféricas, que dificulta o processo digestivo e reduz a absorção de minerais como cálcio, ferro, zinco e magnésio. O ácido fítico é considerado, portanto, um antinutriente ou um fator antinutricional, que pode ser reduzido ao deixar os grãos de molho antes do preparo, da mesma forma que se controlam os fatores antinutricionais do feijão.

Apesar de seu valor nutricional maior, esse arroz não é de consumo generalizado, principalmente pela cor escura (hábito de consumo) e pela suscetibilidade à deterioração, devido ao teor de gordura e de várias enzimas capazes de hidrolisá-la, tornando o arroz rançoso. Essas enzimas podem ser inativadas por vapor a 118 °C por um minuto, aumentando a conservabilidade do arroz. O arroz integral é de cocção mais difícil, por possuir as camadas externas. Sua cor e odor são mais acentuados, o que dificulta sua aceitação por grande número de consumidores brasileiros.

O arroz é um grão amiláceo, pois o amido é seu componente principal. O amido gelatinizado, ou seja, após ser cozido e armazenado resfriado, pode sofrer retrogradação. Durante esse armazenamento resfriado, as moléculas do amido vão se rearranjando, formando zonas cristalinas, tornando o gel mais opaco. Esse gel torna-se turvo e elástico com a liberação de água que adquiriu no inchamento, chamada de sinérese, que é um fenômeno irreversível.

O fenômeno da retrogradação do amido é bastante complexo e variável com diversos fatores, como: tempo e temperatura de armazenamento, pH, fonte de amido, presença de componentes como lipídios, eletrólitos e açúcares e das condições de processamento. A repetição de congelamento-descongelamento acelera muito a retrogradação e a sinérese. A retrogradação do amido, portanto, tem influência na textura, na aceitabilidade e na digestibilidade dos alimentos amiláceos.

Outra característica a ser observada no amido do arroz é sua temperatura de transição vítrea (Tg). Este é um conhecimento advindo da tecnologia de polímeros que começou a ser estudado para secagem e temperagem de arroz. É a temperatura quando há transição da fase sólida para a fase líquida nos polímeros, passando de um estado vítreo para um estado borrachudo ou maleável, no caso do arroz, portanto relacionada à textura. A Tg tem importância tecnológica, pois se relaciona às alterações que ocorrem durante o processamento e a armazenagem, como a pegajosidade, o empelotamento, o amolecimento e o endurecimento. Na Tg há variação do calor específico, do módulo de elasticidade e do coeficiente de expansão térmica do produto. Alguns detalhes sobre a Tg podem ser observados nos gráficos da Figura 3.4.

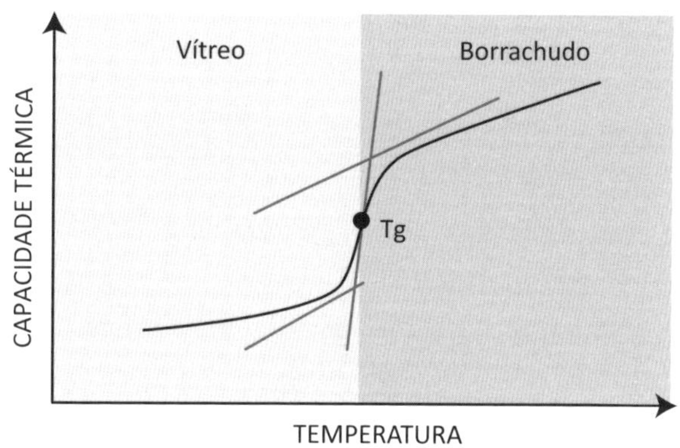

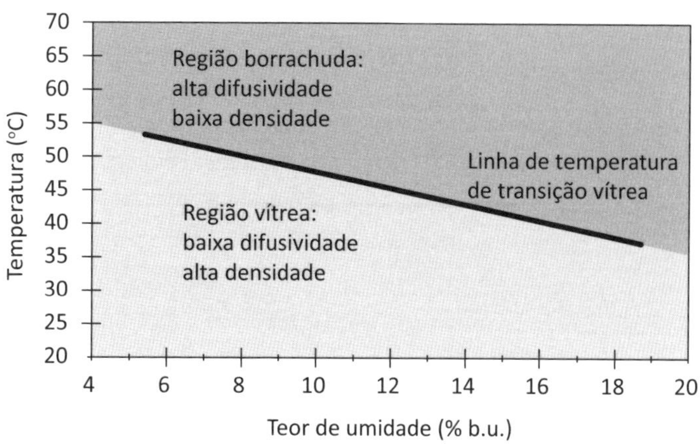

Figura 3.4 – Temperatura de transição vítrea.

Fonte: Adaptação de CNOSSEN, SIEBENMORGEN e YANG, 2002.

Arquivo de áudio 2

Questionário 2

CAPÍTULO 4
Parboilização

A origem dos processos que hoje se conhecem como parboilização se perde no tempo. Sabe-se que surgiu e evoluiu há séculos em países como Birmânia, Índia, Paquistão e na África Equatorial. Somente nos anos 1940 foi introduzida nos Estados Unidos e na Itália, chegando ao Brasil nos anos 1950.

A palavra "parboilizado" deriva da expressão em inglês *parboiled*, que é uma aglutinação de *partial* mais *boiled*, dando ideia de cozimento parcial.

O beneficiamento moderno do arroz parboilizado difere daquele do arroz branco pelo acréscimo de três processos na linha industrial.

Na sua origem, o processo de parboilização – que parece ter sido descoberto por acaso – consistia em um encharcamento do arroz com casca em água, sofrendo depois um cozimento parcial, com posterior secagem ao sol sobre pedras.

Na Ásia, os processos comerciais consistem na embebição do arroz por um a três dias. Devido a esse tempo, o arroz desenvolve forte odor, que dá grande aceitação pelos consumidores locais. A seguir, a água é drenada e o produto é transferido para uma espécie de caldeira, onde é submetido ao tratamento com vapor, para depois ser secado ao sol em terreiros.

Uma definição atual seria: parboilização é o tratamento hidrotérmico do arroz em casca antes do seu beneficiamento. Segundo a Instrução Normativa n.º 6, de 2009, do Ministério da Agricultura e Pecuária (Mapa), parboilização é "o processo hidrotérmico no qual o arroz em casca é imerso em água para uso em processos hidrotérmicos industriais, a uma temperatura acima de 58 °C (cinquenta e oito graus Celsius), seguido de gelatinização parcial ou total do amido e secagem" (BRASIL, 2009a). Esse arroz, ao ser beneficiado, apresenta grãos com uma coloração amarelada, em decorrência do tratamento hidrotérmico. Esse processo, utilizado para elevar o teor vitamínico e de sais minerais do arroz, consiste na imersão do arroz em casca na água potável, a temperatura superior à do meio ambiente, sofrendo processo de autoclavagem. Esse tratamento modifica irreversivelmente a forma cristalina do amido do arroz para amorfa e vítrea, devido ao inchamento e fusão do amido. Os grãos apresentam maior força para resistir ao brunimento e, portanto, quebram menos, havendo, consequentemente, um incremento no rendimento de engenho do processo – isto é, o percentual de grãos inteiros após o processamento. Também são considerados grãos inteiros aqueles com mais de ¾ do comprimento da variedade em questão, conforme a IN n.º 6/2009 (BRASIL, 2009a). Grãos menores são chamados de quebrados, e aqueles que passarem por uma peneira de furos circulares de 1,6 mm são chamados de quirera.

Existem poucas diferenças entre o arroz macerado e o parboilizado, sendo as principais a coloração e o odor mais intensos no arroz macerado. O arroz macerado será comentado no item 5.6 deste livro.

Os três processos para a parboilização do arroz são:

a) encharcamento do arroz em casca na água, com o objetivo de aumentar seu teor de água para aproximadamente 30%;

b) autoclavagem, que é o tratamento térmico do arroz úmido, em casca, normalmente feito pelo uso de vapor, para completar as mudanças físico-químicas;

c) secagens preliminar e complementar do arroz em casca para níveis seguros de armazenamento, para posterior beneficiamento em engenho. A secagem preliminar pode ser realizada em secador rotativo ou de leito fluidizado, e a complementar, em secador intermitente.

As etapas da parboilização do arroz serão descritas a seguir.

4.1 ENCHARCAMENTO

Após limpos, os grãos são imersos em água aquecida a temperatura uniforme, acima de 58 °C, por determinado tempo. A relação tempo e temperatura é variável. Essa fase é denominada encharcamento, imersão ou maceração e tem como finalidade principal possibilitar que o amido do endosperma adquira a umidade indispensável à gelatinização, que se completará na etapa posterior. Esse teor de umidade fica em torno de 30%. Se o encharcamento não for rápido e bem controlado, poderão ocorrer fermentações de origens enzimática e microbiana, proporcionando alterações nas características sensoriais, como cor, sabor e aroma, e reduzindo a aceitabilidade do produto. Um aumento da temperatura reduz o tempo necessário para que a umidade do arroz seja atingida, fundamental para que ocorra o intumescimento do grão e a retenção de vitaminas e sais minerais. No entanto, se a temperatura e o tempo de imersão forem muito elevados, poderá haver ruptura da casca, dissolução de parte do conteúdo do grão e seu escurecimento, por efeito do calor na autoclavagem e na secagem subsequentes. Pode haver também a hidrólise do amido pela enzima amilase, que atua bem na temperatura de 60 °C e favorece o escurecimento.

Conforme as etapas mostradas na Figura 4.1, no arroz em estado natural as vitaminas e os sais minerais estão localizados na película e no embrião do grão. Com o encharcamento, durante o processo de parboilização, esses elementos, carreados pela água, migram para o interior do grão e se concentram aí pelo pré-cozimento, ficando preservados até as etapas finais de beneficiamento e de consumo do arroz. Graças a esse fenômeno há um incremento nutricional do arroz parboilizado se comparado ao arroz branco polido.

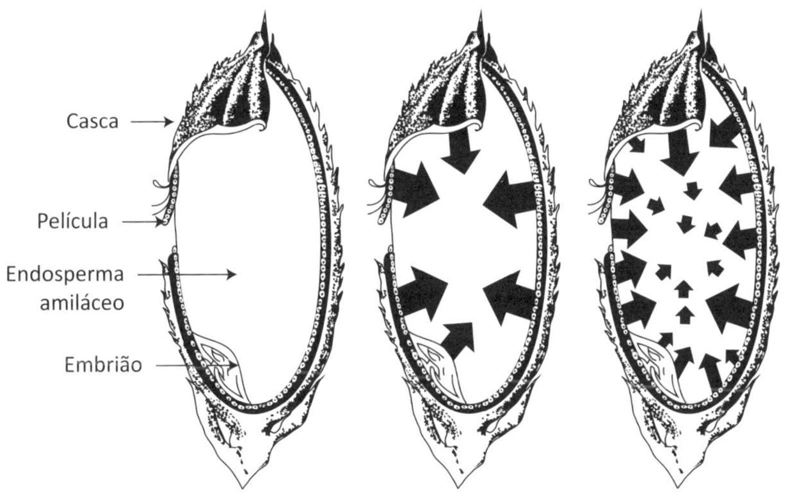

Figura 4.1 – Etapas do processo de migração dos nutrientes no grão de arroz durante o encharcamento.

Fonte: Elaboração própria.

O processo convencional de parboilização consiste no encharcamento do arroz com casca, por duas horas e meia, em água na temperatura abaixo do ponto de gelatinização, geralmente 70 °C, até que ele esteja saturado (cerca de 30% de umidade b.u.). O pH dessa água deve estar entre 4,0 e 5,8, e tem a tendência a diminuir com o tempo de encharcamento, resultando em água residuária ácida.

O tempo para que seja atingida a umidade do arroz depende principalmente da temperatura da água de encharcamento e da variedade do arroz. O excesso de água é drenado, após o que o grão é submetido à operação seguinte de autoclavagem. Essa água é mantida aquecida durante o processo, podendo ser recirculada ou trocada, o que implica maiores custos.

A água de parboilização é rica em sólidos solúveis, especialmente em fósforo, e não pode ser descartada diretamente no meio ambiente sem o adequado tratamento.

Os tanques de encharcamento têm formato cilíndrico e fundo cônico, conforme mostrado na Figura 4.2, podendo ter parede dupla ou revestimento com isolamento térmico para manter o calor. A água é aquecida em caldeira, torna-se vapor, e o calor é transmitido por serpentinas dentro do tanque ou por camisa de vapor nas paredes do tanque. Quando o processo é concluído, a água é drenada e o arroz cai numa calha vibratória para ser transportado. Observa-se que todos esses equipamentos são construídos em aço inoxidável, devido ao contato com a água e o vapor.

No encharcamento utiliza-se, para 1 kg de arroz, 1,5 kg de água aquecida. O tempo de encharcamento foi determinado por Ali e Ojha (1976), citados por Amato *et al.* (1989), por uma equação empírica, com o objetivo de elevar a umidade de 13% para 30%.

$$\mathbf{t} = 222 \cdot \mathbf{e}^{-0{,}059\,T}$$

em que: t = tempo de encharcamento (h)

T = temperatura de encharcamento (°C)

Amato *et al.* (1989) citam também que Kanemitsu e Miyagawa (1974) determinaram que para elevar a umidade do arroz de 14% para 30% com água aquecida são necessárias 1,6 a 2,1 cal/g de arroz. Esses dados são importantes para o dimensionamento da caldeira e dos tanques.

Figura 4.2 – Tanques de encharcamento e detalhe da calha vibratória de descarga.

Fontes: a) e b) Adaptação de INDUSTRIAL PAGÉ e de RICE ENGINEERING SUPPLY, 2020; c) Adaptação de DARABAS, s.d. – Cooperja.

4.2 AUTOCLAVAGEM

Após o encharcamento, quando o arroz atingiu cerca de 30% de umidade, este é submetido à autoclavagem, para que ocorra a completa gelatinização do amido. A autoclavagem é realizada em autoclaves de fluxo contínuo ou semicontínuo. Geralmente, é feita com vapor a 110 °C, por dez a trinta minutos, usando pressões entre 0,4 e 1,2 kgf.cm^{-2}, ou fazendo um encharcamento por 45 min a 80 °C e autoclavagem por 10 min a 1 atm ($\cong$ 1 kgf.cm^{-2}).

A autoclavagem não remove a umidade já existente nos grãos; completa o suprimento de água e, se necessário, uniformiza a distribuição de água e de calor na massa de grãos. A massa de grãos entra e sai da autoclave com aproximadamente a mesma umidade. As autoclaves modernas são contínuas, com válvulas para controle da pressão de vapor e de alimentação e descarga do produto.

(a)

(b)

Figura 4.3 – Autoclaves.

Fontes: a) Adaptação de INDUSTRIAL PAGÉ; b) Adaptação de DARABAS, s.d. – Cooperja.

O calor utilizado para gelatinizar o amido também promove uma espécie de pasteurização, eliminando microrganismos e inativando enzimas como lipase, peroxidase e lipoxigenase. Assim, o arroz tem melhor conservabilidade no armazenamento.

A autoclavagem também aumenta a uniformidade de difusão de substâncias hidrossolúveis nos grãos, completa a gelatinização do amido, recuperando gessamentos, permitindo a soldadura de grãos trincados e aumentando a dureza do grão, o que diminui o índice de quebrados durante o beneficiamento. A gelatinização do amido, obtida pelo aquecimento dos grãos durante o processo de autoclavagem (90 °C a 110 °C), transforma a textura granular do amido em massa pastosa, a qual, ao secar, torna-se compacta e translúcida, com aspecto vítreo. A autoclavagem é de fundamental importância para o rendimento de grãos inteiros no beneficiamento do arroz. Cada variedade, para cada sistema cultural, exige condições próprias de autoclavagem e de encharcamento, temperatura, tempo e pressão. Os efeitos do encharcamento e da autoclavagem, bem-feitos ou não, se refletem principalmente na profundidade da gelatinização e na coloração dos grãos. Os grãos mais recomendados para a parboilização são os longos e os longo finos, por serem mais susceptíveis à quebra no beneficiamento. A parboilização aumenta a renda do benefício, o rendimento de engenho e, como já dito, diminui o percentual de quebrados em relação ao processo convencional de obtenção de arroz branco polido, além de melhorar o valor nutricional, principalmente por vitaminas do complexo B, que são arrastadas para as camadas mais internas do grão durante o encharcamento.

4.3 SECAGEM

A secagem dos grãos de arroz a serem beneficiados, seja como integral, branco ou parboilizado, é utilizada obrigatoriamente para o arroz irrigado, predominante no Rio Grande do Sul. O arroz é colhido com umidade acima da ideal para o beneficiamento e/ou armazenamento para melhor eficiência da colheita e para evitar a degrana natural, que ocorre quando o grão atinge umidade abaixo de 15%. Então, o arroz úmido precisa ser secado para ficar em condições de ser beneficiado e armazenado com segurança.

Além disso, no processo de parboilização também necessariamente ocorrerá a etapa de secagem, uma vez que no início desse processo os grãos têm sua umidade aumentada para 30% ou mais, durante o encharcamento.

O ideal é que o tempo de secagem do arroz parboilizado ou branco seja o menor possível, pois essa redução implica que seja realizada a diminuição do teor de umidade dos grãos para níveis adequados ao beneficiamento e/ou armazenamento em um menor espaço de tempo. Isso reduz o gasto energético com ventiladores e transportadores e, portanto, os custos da secagem. A demanda energética é um fator relevante: quanto maior for essa demanda das indústrias, maior a necessidade de programas de otimização do uso da energia.

Uma pequena redução no gasto energético com secagem, considerando que o Rio Grande do Sul beneficia milhões de toneladas de arroz, pode representar uma redução de milhões de reais.

Além da economia energética, a economia de tempo é muito relevante, em especial durante a colheita. Alguns engenhos e produtores têm adotado a estratégia de secar o arroz (às vezes em secadores contínuos adaptados) até em torno de 16% de umidade, remover o arroz do secador para um silo aerado com ar ambiente e depois da safra retornar esse arroz para secar até níveis seguros de umidade para o armazenamento prolongado. Se a temperatura da massa de grãos ficar em torno de 20 °C, esses grãos poderão aguardar por até sessenta dias para ser secados, conforme as relações de equilíbrio higroscópico do arroz.

A secagem é uma das etapas dentro do processamento do arroz nas quais pode ocorrer um estrangulamento da produção, caso o tempo de secagem seja muito longo. A redução do tempo de secagem aumenta a produção e otimiza o processo, por aumentar a capacidade de processamento do engenho, mas deve ser controlada para não impactar a qualidade do produto final.

Para reduzir o tempo de secagem deve-se analisar e estabelecer a melhor relação entre temperatura de secagem, vazão do ar de secagem e tempo de exposição ao ar quente num secador intermitente, que é o equipamento recomendado para secar arroz.

Pesquisas ainda iniciais sobre secagem e temperagem de arroz mostraram que temperaturas de secagem de até 60 °C e altas taxas de remoção de umidade (até 6 pontos percentuais de teor de umidade) podem ser usadas sem reduzir o rendimento de engenho, desde que com período de homogeneização suficiente a uma temperatura acima da temperatura de transição vítrea (Tg) entre passes de secagem. O uso de temperaturas do ar de secagem acima da Tg do arroz reduz significativamente o tempo de secagem e da homogeneização, uma vez que a difusividade da umidade do centro do grão é muito maior que a Tg. A compreensão dos efeitos da transição vítrea é importante para otimizar os processos de secagem e de homogeneização em termos de tempos adequados para essas operações. Esses estudos mostraram que o arroz seca de forma significativamente mais rápida acima da Tg que abaixo da Tg. Além disso, as condições do ar de secagem de alta temperatura e baixa umidade relativa, que resultam em um baixo teor de umidade de equilíbrio, aparentemente fazem com que a superfície do grão transite de um estado emborrachado para um vítreo e reduza a taxa de secagem.

O arroz é higroscópico como qualquer grão. A evaporação da água superficial é mais fácil e rápida de ser realizada, mas a difusão da umidade das camadas internas do grão para a periferia é um processo mais difícil e lento. Esse processo, chamado de migração de umidade, em geral, ocorre na fase de repouso durante a secagem. Essa fase também é chamada de equalização ou homogeneização.

A velocidade da secagem é de grande importância: se for muito lenta, pode permitir o desenvolvimento de microrganismos que danificam o arroz e poderão produzir fermentações e até micotoxinas, além da intensificação da cor, do odor e do sabor. Se for muito rápida, no entanto, pode criar tensões excessivas que trincariam os grãos. O aumento da velocidade de remoção de água, proporcionado pelo emprego de elevadas temperaturas do ar de secagem, exerce maior influência sobre o aumento de grãos quebrados do que a movimentação mecânica dos grãos de arroz durante a secagem intermitente. Portanto, deve haver períodos de repouso para os grãos entre secadores ou estágios de secagem sucessivos, o que também diminui o consumo de energia por unidade de umidade evaporada em até 20%.

A secagem do arroz é um processo de dessorção, como também é a secagem de outros grãos. A secagem ocorre quando a pressão de vapor no grão é maior que a pressão de vapor no ar em torno dele, como em qualquer grão. A parte superficial do grão perde umidade, causando uma contração desta, enquanto a porção interna, que ainda não perdeu umidade, fica expandida em relação à periferia. Essa pressão pode aumentar com a aplicação de ar aquecido. Quando se aumenta muito a temperatura, aumenta a pressão de vapor no grão, e o resultado é uma tração na superfície e uma compressão no interior do grão. Quando as forças de tração na superfície e compressão no interior do grão excedem a resistência dos tecidos, o grão se rompe ou fissura. Esse fenômeno é especialmente importante para o arroz, cujo maior valor econômico depende de grãos inteiros e perfeitos. Portanto, a secagem consiste em ministrar quantidades de ar aquecido a uma determinada temperatura, de modo a não alterar a qualidade do grão.

A secagem de arroz com casca não parboilizado de 20% para 13,5% deve ter uma taxa máxima de 1,5 ponto percentual de remoção de umidade por hora, para que o efeito sobre as fissuras seja mínimo. Taxas maiores podem ser usadas se a secagem parar em torno de 16% a 18% de umidade, que é considerada a faixa crítica. Acima do ponto crítico, a umidade é retirada com mais facilidade e os grãos são mais elásticos, portanto, menos sensíveis a altas temperaturas com relação às fissuras superficiais. Abaixo desse ponto a umidade é mais difícil de ser retirada, e os grãos são mais sensíveis.

4.4 SECAGEM DO ARROZ PARBOILIZADO

Dentre as etapas do processo de beneficiamento do arroz parboilizado, assim como referido para o arroz branco, a secagem exige atenção especial. É uma operação obrigatória e, se não for bem conduzida, pode causar danos, os quais podem influenciar diretamente o rendimento industrial e as qualidades comercial e de consumo do arroz.

A secagem do arroz parboilizado tem por finalidade reduzir o conteúdo de umidade do produto a um nível adequado para que sejam executadas as operações de descascamento, brunimento e armazenamento. Deve-se também evitar, durante essa operação, o aparecimento de fissuras, a formação de cor escura e a desuniformidade de cor dos grãos, buscando um máximo rendimento de grãos inteiros e perfeitos.

A quebra do arroz no beneficiamento será muito aumentada se a secagem for completada em um único estágio e o teor de umidade ficar abaixo de 16%. Essa quebra pode ser reduzida com a secagem em dois estágios, quando o fim do primeiro estágio coincidir com a faixa crítica, procedendo-se a um período de equalização que minimiza o gradiente de umidade e fazendo-se temperagem após a secagem, ou utilizando-se ambos os procedimentos.

4.4.1 SECAGEM PRELIMINAR

Após a autoclavagem, os grãos de arroz encontram-se com teor de umidade entre 30% e 32%, necessitando ser secados. Os tipos de secadores mais indicados para a secagem preliminar do arroz parboilizado são secadores de leito fluidizado, secadores contínuos adaptados para funcionar como intermitentes ou secadores rotativos, em conjunto ou separadamente.

As condições de secagem requeridas para o arroz parboilizado diferem consideravelmente das usadas para secar arroz que venha diretamente da lavoura, devido ao conteúdo de umidade inicial (cerca de 30%) do arroz parboilizado ser maior do que o do arroz recém-colhido e o grão estar aquecido (em torno de 100 °C). A textura do grão também é diferente, porque o amido gelatinizado forma um grão compacto, com estrutura molecular modificada de cristalina para amorfa, tendo seus planos preferenciais de quebra eliminados ou reduzidos.

A secagem deverá ser realizada em duas fases. A primeira, a altas temperaturas, poderá iniciar com 100 °C a 250 °C, em secadores rotativos horizontais, até que os grãos atinjam teores em torno de 18% a 20% de umidade. A alta umidade do grão eleva o ângulo de talude, o que dificultaria o fluxo de material por gravidade, então procede-se à secagem em cilindros rotativos, nos quais o grão é forçado de uma extremidade à outra pelo movimento de rotação e por um ângulo de inclinação com a horizontal de 3°, aproximadamente. Após essa secagem preliminar, a massa de grãos encontra-se com umidade em torno de 20% e então pode ser secada em secadores intermitentes convencionais até atingir 13% de umidade, o que é seguro para seu armazenamento. Podem ser usados um ou mais secadores rotativos em sequência, com gradiente de temperatura do ar decrescente.

Também pode ser utilizado um secador de leito fluidizado. Nesse tipo de secador os grãos atravessam um leito de chapa perfurada, através da qual é soprado ar aquecido. O arroz "flutua" sobre esse leito e vai sendo transportado ao longo dele, enquanto seca. Nesse tipo de secador, o arroz entra em contato direto com o ar aquecido entre 50 °C e 110 °C, por três a quatro minutos, reduzindo sua umidade de 6 a 10 pontos percentuais por passagem. Então, o arroz é resfriado, em um processo de temperagem, por trinta a cinquenta minutos em um silo de têmpera. Após, faz uma segunda passagem pelo secador, com temperatura mais baixa, podendo passar uma terceira vez, até atingir 13% a 14% de umidade. O aquecimento desse secador pode ser pela queima da casca, por exemplo. Nesse caso, o consumo da fornalha é de 600 a 700 $kg.h^{-1}$ para secar 17 a 20 $t.h^{-1}$, por exemplo.

A secagem preliminar é relativamente rápida, pois grande parte da água já está na periferia do grão. Essa secagem visa a diminuir a umidade de 30% a 32% para cerca de 22%, quando o arroz poderá ser secado da mesma forma que o arroz recém-colhido, por secagem complementar.

Completada a secagem preliminar, os grãos permanecem um período em repouso (seis horas), denominado têmpera, para que haja equilíbrio térmico e hídrico, antes de serem submetidos à secagem complementar intermitente ou mesmo retornarem a um secador de leito fluidizado.

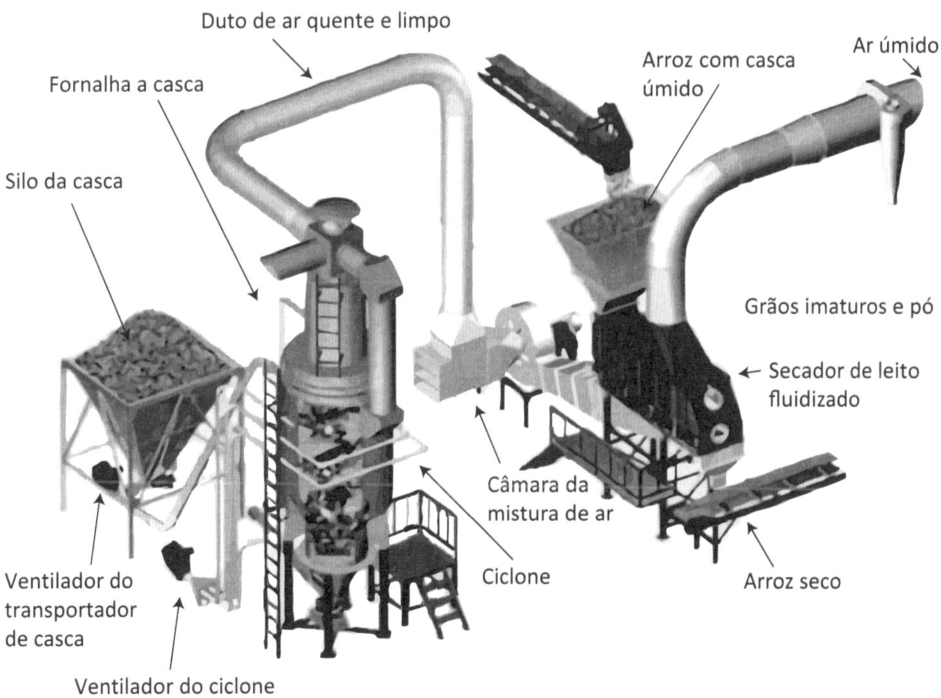

Figura 4.4 – Secador de leito fluidizado.

Fonte: Adaptação de RICE ENGINEERING SUPPLY, 2020.

Arquivo de áudio 3

Questionário 3

4.4.2 SECAGEM COMPLEMENTAR

A secagem complementar em uma linha industrial de parboilização se inicia com a massa de grãos em torno de 18% a 20% e é mais lenta que a secagem preliminar, pois demanda migração de umidade para ocorrer. Um exemplo de combinação de temperatura, vazão do ar de secagem e tempo de exposição dos grãos ao ar aquecido utilizada é 110 °C, 50 $m^3.min^{-1}.t^{-1}$ e 50 min, respectivamente, podendo chegar a 130 °C, 70 $m^3.min^{-1}. t^{-1}$ e 30 min. O tempo de secagem fica em torno de seis a sete horas para que a carga chegue a 12% de umidade.

A temperatura do ar de secagem pode ser estabelecida por meio de um termômetro inserido na massa de grãos, e a medida da vazão de ar pode ser obtida por um tubo de Pitot ou um anemômetro. Durante o processo de secagem, em geral, são coletadas amostras a intervalos regulares para avaliar a temperatura e a umidade dos grãos. A umidade é avaliada por um determinador de umidade expedito, em geral, por capacitância, devidamente calibrado por um método padrão, em laboratório.

Uma combinação adequada de ar de secagem a altas temperaturas e grande número de passagens dos grãos pelo secador pode dar elevado rendimento e secar rapidamente, porém pode aumentar os danos mecânicos devido ao transportador.

A temperatura de secagem de arroz branco é o fator não agrícola que mais influi na porcentagem de grãos inteiros e quebrados durante o processo de beneficiamento. Quanto maior for a temperatura utilizada, menor tende a ser o percentual de grãos inteiros.

A secagem intermitente é a mais usada para arroz na região Sul, em secadores com carga completa. Esta é feita pela passagem de uma corrente de ar quente, com fluxo cruzado, proveniente de uma fornalha a lenha ou casca de arroz. O produto fica na câmara de secagem por um determinado período, alternando com um período de equalização dentro do secador. As relações câmara de secagem/câmara de equalização podem ser de 1:6, 1:9, 1:13 ou outra. Por isso, o arroz não adquire temperatura tão elevada quanto na secagem contínua, a qual não é adequada para secar arroz. A temperatura do ar de secagem para secadores intermitentes não é tão relevante como para secadores contínuos ou estacionários. A temperatura do grão e os choques térmicos são determinantes na qualidade do processo. O tempo durante o qual o arroz circula fora da câmara de secagem, no processo intermitente, não é perdido. Durante essa "espera", a umidade dos grãos está se uniformizando e migrando das camadas mais internas para as mais externas do grão de arroz, facilitando a evaporação da água periférica e o reaquecimento do grão na nova passagem pela câmara de secagem. Também, são usados secadores contínuos adaptados para funcionar como intermitentes, ou seja, usam silos ou caixas anexas para funcionar como câmara de equalização.

Por exemplo, arroz branco secado em secador intermitente, em temperatura constante de 90 °C, rende em torno de 50% de grãos inteiros, e 53% quando secado em temperaturas crescentes de 70 °C a 100 °C, obtendo-se 63%, em média, para arroz parboilizado nas mesmas condições, o que mostra as influências da secagem e da parboilização sobre o rendimento.

Quando se aumenta a temperatura do ar sem alterar o número de passagens, a secagem será mais rápida, mas o rendimento de grãos inteiros será menor. Quando, ao contrário, se aumenta o número de passagens sem alterar a temperatura, o rendimento não decresce tanto.

Se a secagem for malconduzida, o rendimento de grãos inteiros pode diminuir e o percentual de grãos defeituosos pode aumentar. Considerando que os grãos quebrados valem 20% em relação aos inteiros e que grãos quebrados têm baixa aceitabilidade pelo consumidor, além de diminuírem a escala da classificação do arroz, há prejuízos relevantes.

Quando o arroz parboilizado é secado de forma branda e a secagem é bem conduzida, a quebra no beneficiamento não excede 1% a 2%, incluindo quebrados perdidos junto com o farelo. Grãos malparboilizados também causam aumento na quebra.

Em estudos sobre a secagem em camadas, a velocidade de secagem de arroz parboilizado mostra-se maior do que a do arroz não parboilizado. Atribui-se isso ao fato de a casca dos grãos parboilizados estar parcialmente aberta e, consequentemente, a quantidade de energia para evaporar um quilo de água ser menor. Em um experimento, após trinta minutos, ambos com teor de umidade inicial de 25%, o arroz parboilizado atingiu 17,8% de umidade, enquanto o arroz não parboilizado atingiu apenas 19,8%, dando uma vantagem de 30% para o arroz parboilizado.

A Figura 4.5 mostra o esquema de um secador intermitente, com sistema de secagem e resfriamento e uma relação de 70% de secagem para 30% de resfriamento.

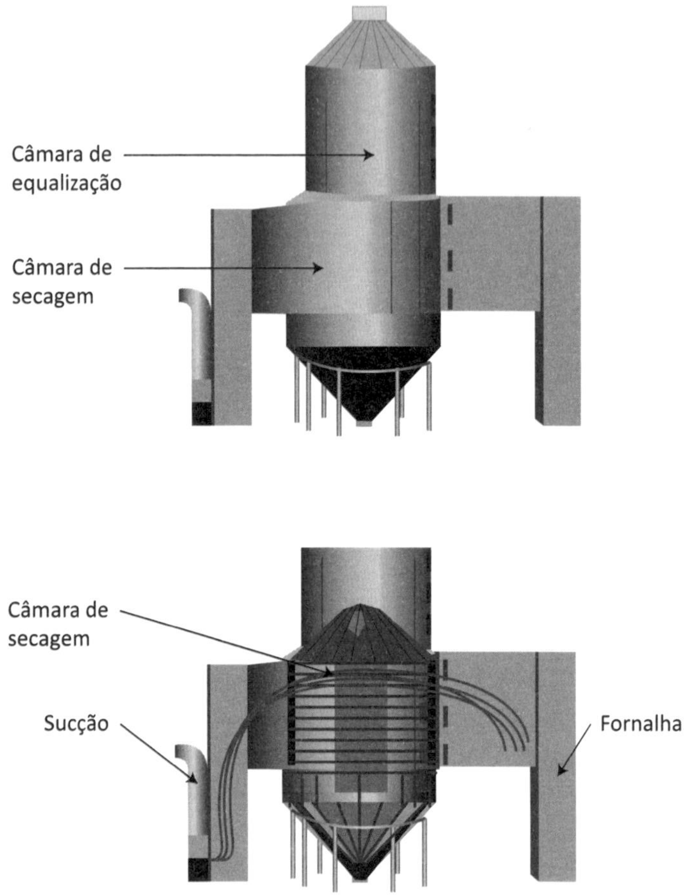

Figura 4.5 – Esquema de um secador intermitente.

Fonte: Adaptação de GRUPO HORBACH, 2020.

A Figura 4.6 mostra um sistema de descarga usual para secadores intermitentes. A regulagem do sistema de descarga do secador consiste em distanciar ou aproximar o funil da bandeja, o que faz com que haja mais ou menos fluxo de grãos a descarregar.

A Figura 4.7 mostra a grelha de uma fornalha de casca de arroz.

A Figura 4.8 mostra os detalhes dos cavaletes que formam a "colmeia" do secador, esta montada sobre a base de concreto. Esses cavaletes são mostrados na Figura 4.8 como "torre de secagem". Após, essa "colmeia" receberá as paredes metálicas de revestimento externo. Essa é a estrutura de um secador contínuo, mais adequado para secagem de soja, por exemplo.

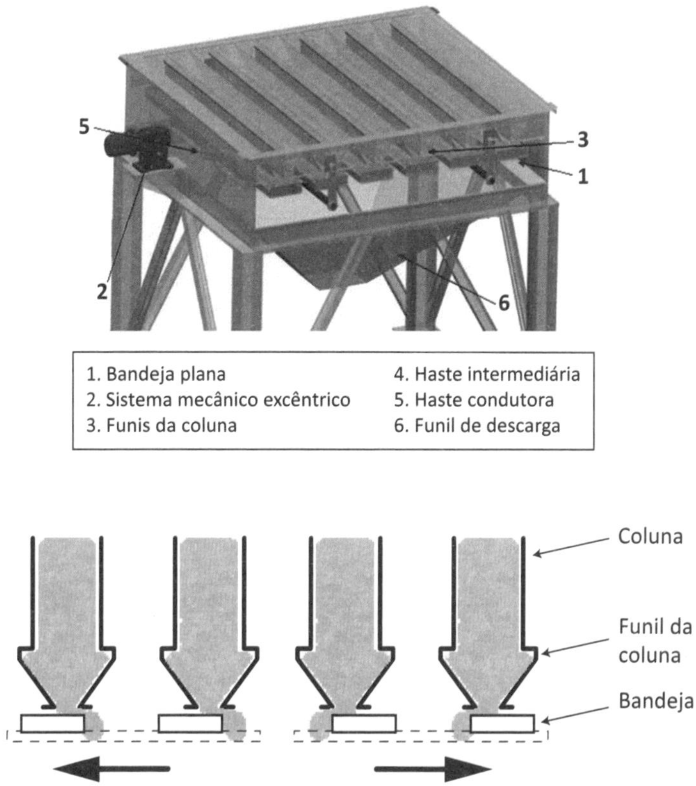

Figura 4.6 – Sistema de descarga por bandejas.

Fonte: Adaptação de SULZBACHER, 2013.

Figura 4.7 – Detalhe da grelha de uma fornalha a casca.

Fonte: Adaptação de LUZ, C. A. S. da, 2008.

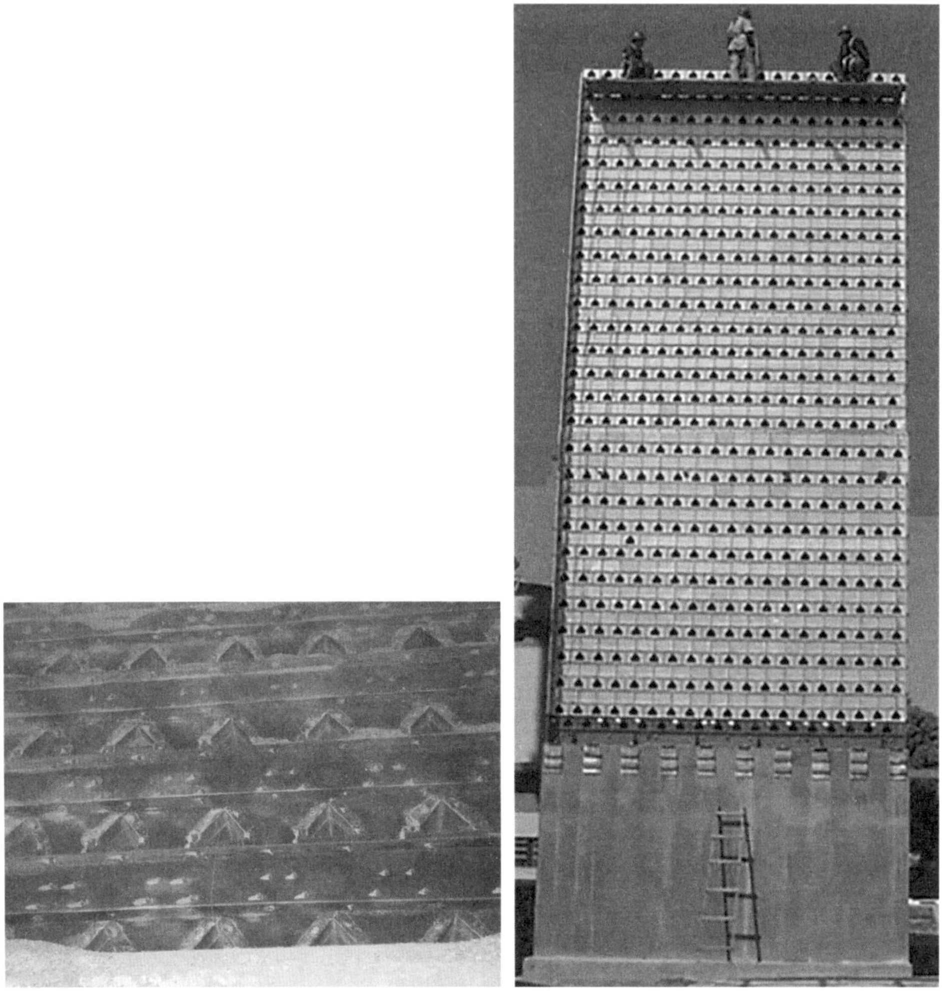

Figura 4.8 – Coluna de cavaletes e montagem de secador.

Fonte: Adaptação de LUZ, C. A. S. da, 2008.

4.5 TEMPERAGEM

O surgimento das fissuras não ocorre necessariamente durante ou logo após a secagem, mas em até 48 horas. Portanto, o arroz parboilizado deve ficar em repouso por esse tempo para adquirir textura endurecida e translúcida. Nesse intervalo, os gradientes de umidade e temperatura se uniformizarão, diminuindo as tensões internas e evitando fissuras. Esse período de temperagem tem-se mostrado o mais adequado para um maior rendimento de engenho.

O nível de umidade até o qual o produto é secado afeta o rendimento de engenho, sendo o efeito mais evidente para grãos não submetidos à temperagem, que é um tempo de repouso após a secagem, normalmente de 48 horas para o arroz parboilizado.

Após a temperagem, o arroz é beneficiado, que consiste basicamente nos processos de descascamento, brunimento, polimento, separação e classificação.

Os grãos podem ficar em repouso em caixas ou silos aguardando o beneficiamento. Beneficiar o arroz logo após a secagem, portanto, aumenta a quantidade de grãos quebrados, porque não houve tempo suficiente para o equilíbrio das forças de tração e compressão entre o centro e a periferia dos grãos, ocorrido durante a secagem.

O engenheiro projetista do *layout* da planta industrial deve prever que haverá esse tempo de espera no fluxo normal do engenho e dimensionar as caixas de temperagem para dar vazão ao processo, uma vez decorridas as 48 horas de repouso.

4.6 ASPECTOS GERAIS SOBRE O ARROZ PARBOILIZADO

O arroz parboilizado ficou conhecido no mundo, fora da Ásia, quando se descobriu que ele possuía propriedades contra o beribéri, que é uma doença causada por deficiência de vitamina B1 (tiamina) na dieta. Essa doença, que pode levar a óbito, tem como sintomas problemas nevrálgicos e cardíacos. Outras vantagens também foram conhecidas, e a parboilização se tornou objeto de intensa investigação.

Cientistas ingleses, japoneses e, posteriormente, norte-americanos realizaram estudos minuciosos com o arroz branco e o parboilizado, comprovando que este último apresenta teor mais elevado de sais minerais e vitaminas. Engenheiros industriais estudaram e projetaram equipamentos para realizar uma parboilização homogênea e dimensionaram diversas plantas industriais, que estão protegidas por patentes.

Existem vários métodos para o processo de parboilização, contínuos ou em bateladas, que também diferem uns dos outros na forma de hidratação e no tratamento térmico para gelatinizar o amido. O encharcamento pode ser feito com água morna ou quente e com ou sem o uso de autoclave pressurizada com vapor aquecido. Pode ser efetuado a 70 °C ou 80 °C para grãos longos ou 61 °C para grãos curtos por quatro horas, considerando que uma rápida absorção de água nesse período pode causar fissuras nos grãos. A autoclavagem pode ser realizada a 0,70 $kgf.cm^{-2}$ por treze a quinze minutos a 116 °C.

Alguns dos métodos industriais de parboilização, a maioria antigos e não mais utilizados, podem ser citados:

- Método CFTRI – Central Food Technological Research Institute (Índia).
- Método da Universidade de Jadavpur (Índia).
- Processo Avorio (Itália).
- Processo Conversion (Reino Unido).
- Processo Malek (Inglaterra) – evoluiu no Brasil, que tem um dos métodos de parboilização mais modernos do mundo.
- Processo Cristallo ou Gariboldi (Itália).
- Processo Alesien (França).

- Processo de Fernandes (Suriname).
- Processo Schule (Alemanha).
- Processo da Associação de Produtores de Arroz da Califórnia (Estados Unidos).

É relativamente recente a introdução da parboilização no Ocidente. Foi só em torno de 1940 que os Estados Unidos e a Itália instalaram suas primeiras indústrias de parboilização de arroz, que hoje são totalmente automatizadas.

A parboilização foi introduzida no Brasil em 1953 com a instalação de uma planta no Rio Grande do Sul, utilizando um dos processos tradicionais, o Malek, que deu origem à marca conhecida como "malekizado", de cor amarela intensa e odor forte para os padrões brasileiros. Porém, a parboilização do arroz no Rio Grande do Sul somente começou a se popularizar nos anos 1990. Hoje existem unidades processadoras em vários estados brasileiros, mas os três estados do Sul possuem mais de 250 indústrias, que detêm quase a totalidade da produção nacional. O Rio Grande do Sul se destaca, com grandes unidades de alto nível tecnológico. Hoje, os empresários têm-se preocupado também com o tratamento de efluentes líquidos, sólidos e gasosos decorrentes do processo, os quais devem ser compatíveis com o meio ambiente (por exemplo, o correto destino da casca, da cinza da casca, quando esta é queimada, da água de parboilização, da fuligem da fumaça da queima), também para cumprir exigências legais. Da mesma forma, há preocupação com a poeira emanada da queima da casca do arroz e de seu pó, que afeta os pulmões das pessoas, causando silicose e outras doenças. O pó depositado em diversos locais da Unidade de Beneficiamento pode propiciar explosões, o que exige todo o cuidado na limpeza dos locais.

Um grão longo fino, o de melhor aceitabilidade no mercado brasileiro, quando encharcado e submetido a vapor por quinze minutos a 0,70 $kgf.cm^{-2}$, pode aumentar o rendimento de engenho em 13% com relação ao arroz branco, o que tem uma importância econômica significativa. Durante a recepção de uma carga, ao ficar evidenciado que o lote tem grande potencial para quebras (mediante testes em engenhos de provas no laboratório da recepção), ele é direcionado para a linha de parboilização.

As variedades de arroz indicadas para parboilização são aquelas mais "frágeis", devido à estrutura macia do seu endosperma. Grãos longos, que dão um baixo rendimento de engenho, são preferidos para a parboilização. As variedades com grãos longos e finos são normalmente parboilizadas porque são frágeis e porque tornam mais fáceis e mais rápidas as operações de encharcamento e aquecimento, visto que a água e o calor chegam rapidamente ao centro do endosperma.

A parboilização é um processo que recupera qualquer arroz que tenha sido colhido ou secado de forma inadequada ou tenha sido danificado inadvertidamente, ou, ainda, que contenha grande porcentagem de grãos imaturos. A qualidade do arroz parboilizado fissurado também pode ser recuperada por uma reparboilização, que torna, no entanto, o grão mais amarelado e com odor e sabor mais intensos.

Fissuras, grãos verdes (imaturos), gessamento e não translucidez são completamente eliminados com o processo de parboilização.

Entre as vantagens da parboilização encontram-se:

a) o aumento no rendimento de engenho;

b) a recuperação de arroz com fissuras ou com problemas de lavoura, conhecido como "barriga branca";

c) o atendimento às demandas ou preferências de certos consumidores;

d) um aumento nos teores de nutrientes, principalmente em relação às vitaminas do complexo B (tiamina, niacina e riboflavina), ao transferir para o endosperma grande parte das vitaminas hidrossolúveis (principalmente tiamina, que é a vitamina B1) e sais minerais, contidos nas camadas externas e no embrião, diminuindo, assim, as perdas de nutrientes durante o brunimento;

e) melhores condições de conservação, devido à maior resistência do arroz parboilizado a insetos e fungos, associada à menor absorção de umidade do ambiente, o que favorece o armazenamento.

O processo causa certas mudanças físicas, químicas, bioquímicas e sensoriais no arroz beneficiado. Entre essas mudanças pode-se citar:

a) mudanças no sabor, no odor e na cor, os quais ficam levemente mais acentuados, e também na textura do arroz, que fica mais firme quando cozido e menos coeso do que o grão não parboilizado, mudanças essas preferidas por alguns consumidores e não aceitas por outros, dependendo do hábito de consumo do país ou região;

b) gelatinização do amido, que modifica a estrutura química de cristalina para amorfa, devido a um intumescimento irreversível e fusão, tornando o grão translúcido, vítreo, duro e mais resistente à quebra durante as operações de engenho. Com isso, as taxas de rendimento de engenho e rendimento total são melhoradas;

c) inativação de todas as enzimas e interrupção de todos os processos biológicos, como o crescimento de fungos, devido à ação do vapor durante o tratamento térmico;

d) remoção facilitada da casca e remoção dificultada do farelo. Devido ao tratamento térmico sofrido, há maior conteúdo de óleo no farelo, que tem melhor estabilidade;

e) maior retenção de nutrientes;

f) menor suscetibilidade ao ataque de insetos durante o armazenamento;

g) menores perdas de sólidos solúveis no cozimento (menos amido na água de cozimento);

h) maior volume quando cozido (rendimento de panela) para atingir a maciez desejada e maior digestibilidade do que o arroz branco polido.

As vantagens e desvantagens da parboilização em relação ao arroz branco podem ser vistas na Tabela 4.1.

Tabela 4.1 – Vantagens e desvantagens da parboilização em relação ao arroz branco polido

Vantagens da parboilização	Desvantagens da parboilização
O descascamento é mais fácil e menos oneroso	A remoção do farelo é mais difícil e onerosa
O arroz beneficiado tem menos quebrados e é mais nutritivo	O arroz parboilizado não pode ser usado para a fabricação de amido ou de produtos fermentados
Aumento no rendimento de engenho e rendimento total do arroz produzido	Dobra o custo total de processamento
O arroz fica mais resistente a insetos durante o armazenamento	O arroz rancifica mais facilmente
O farelo contém mais óleo	Requer maior investimento de capital
O cozimento perde menos amido e o produto se mantém por mais tempo	Necessita de mais tempo para a cocção e consome mais combustível

A gelatinização do amido durante o tratamento térmico, após o encharcamento, é uma das modificações mais importantes. No momento da gelatinização, os grânulos de amido se expandem, passando de uma estrutura poliédrica à forma de uma massa compacta, translúcida e mais resistente, na qual ficam incorporadas as substâncias proteicas, os sais minerais e as vitaminas.

O amido gelatinizado e a proteína desnaturada, ao se expandirem, ocupam os espaços anteriormente ocupados pelo ar, no endosperma. Essa expansão pode ser responsável pela "soldadura" das trincas dos grãos, explicando o aumento no rendimento de grãos inteiros. O grão de arroz torna-se mais resistente, o que provavelmente se explica pela grande adesão/coesão entre os grânulos de amido e a proteína do arroz tratado.

O amido constitui cerca de 90% (base seca) do endosperma do grão de arroz. A proteína pode variar de 7% a 16% (base seca). Esta sofre desnaturação superficial devido ao processo hidrotérmico sofrido pelo arroz. O arroz parboilizado beneficiado tem menor teor de gordura do que o branco, pois os glóbulos de gordura se rompem e esta migra para camadas mais externas do grão, formando um filme que é parcialmente removido durante o beneficiamento, dando origem a um farelo com maior teor de gordura (16% a 22%) do que o do farelo do arroz não parboilizado (12% a 16%). O farelo do arroz parboilizado apresenta maior conservabilidade, em face da rancificação, pelo fato de a atividade das enzimas lipoxidase e lipase diminuir durante a parboilização, em virtude do calor usado.

O aumento do conteúdo de sais minerais no arroz parboilizado se deve à solubilidade destes em água, parte dos quais penetra no grão durante os processos de encharcamento e autoclavagem. Minerais como Na, Ca, Fe, Mg, Cu, Mn e Zn estão presentes nas camadas externas, sendo removidos durante o processo de beneficiamento do arroz branco.

A dureza do arroz aumenta com a parboilização. É provável que isso ocorra em resultado da gelatinização do amido, seguido por sua retrogradação e/ou como reflexo de maiores forças de adesão/coesão entre os grânulos de amido e os corpos proteicos no arroz parboilizado. A dureza está relacionada com a temperatura de gelatinização do amido, bem como com a resistência ao ataque de fungos e insetos. A parboilização afeta mais física do que quimicamente o grão.

A retrogradação do amido, que basicamente consiste em um processo de cristalização dessas moléculas, tornando o grão mais rígido e opaco, diminui a solubilidade do amido e aumenta o tempo de cocção do arroz.

Com o aumento de umidade e da temperatura durante a parboilização, a atividade enzimática aumenta, em especial a da amilase, produzindo açúcares que, por sua vez, darão origem às reações de Maillard, que são reações de escurecimento não enzimático. Após o tratamento térmico, as enzimas são total ou parcialmente inativadas, alguns compostos se decompõem e processos biológicos são paralisados, como a germinação e o desenvolvimento microbiano, desenvolvimento de insetos, larvas e ovos, o que aumenta sua conservação no armazenamento. Devido ao fato de o arroz parboilizado ter uma menor capacidade de absorver água após a secagem, é menos suscetível ao ataque de pragas.

Algumas características do arroz em casca que afetam o rendimento e a qualidade do arroz parboilizado como consequência da parboilização são:

a) a presença de grãos descascados no encharcamento;

b) a pilosidade da casca, que torna a operação de encharcamento mais difícil, devido à tendência de os grãos flutuarem na superfície da água;

c) os pigmentos da casca e do pericarpo podem ser dissolvidos durante as operações de encharcamento e autoclavagem, causando coloração do endosperma;

d) a infestação microbiana pode causar parcial ou total escurecimento do endosperma; e

e) alguns danos nos grãos, causados por impacto mecânico ou por insetos, podem levar a manchas parciais do arroz parboilizado.

O arroz parboilizado apresenta um rendimento de panela que supera o do arroz branco, em torno de 10% a 15%, e o arroz cozido se apresenta mais firme e menos coeso.

A parboilização aumenta o teor proteico do arroz beneficiado, aumenta a coloração escura dos grãos e diminui a absorção de água quando o arroz é cozido. Há diminuição no comprimento e aumento na largura do arroz parboilizado cozido e menor quantidade de sólidos na água de cozimento em relação ao arroz branco também cozido. Além disso, a cor do arroz parboilizado cozido fica mais clara que a do mesmo arroz cru.

Podem ocorrer perdas de tiamina (vitamina B1) durante o encharcamento se a casca do arroz se abrir, devido a um aquecimento muito elevado, acima da temperatura de gelatinização (maior que 70 °C), bem como pode haver perda por destruição térmica, causada por vapor, principalmente a alta pressão.

Os equipamentos utilizados para o beneficiamento do arroz parboilizado são semelhantes àqueles utilizados para o arroz branco polido, não havendo necessidade de duplicação de instalações, apenas adição de três processos: encharcamento, autoclavagem e secagem preliminar. Em muitos casos, entretanto, o arroz em casca com problemas devido a operações de limpeza, secagem, manuseio e armazenamento feitas de maneira imprópria pode ser melhorado pela parboilização. O arroz que é parboilizado de forma correta recebe uma premiação no preço, compensando os custos adicionais do processo de parboilização.

Além do arroz parboilizado polido, existe também a comercialização de arroz parboilizado integral, quando o produto recebe o tratamento hidrotérmico, porém somente sofre descascamento, não sendo retirada a película que dá origem ao farelo.

Arquivo de áudio 4

Questionário 4

4.7 CARACTERÍSTICAS SENSORIAIS DO ARROZ PARBOILIZADO

Predomina, no Brasil, o hábito de consumir arroz branco. O consumidor tem preferência pelo grão longo e translúcido, "tipo agulhinha" ou longo fino. É por isso que a pesquisa está mais voltada para variedades dessa classe.

A busca de uma coloração mais clara para o arroz parboilizado, próxima à do branco polido, que é a preferida pelos consumidores brasileiros, é atualmente um dos principais pontos de pesquisa da indústria. Em alguns países da Europa, após a Segunda Guerra Mundial, havia preferência pelo arroz "amarelão", em razão de uma associação indevida entre a intensidade da cor e o teor de vitaminas. O mesmo acontece hoje em regiões do estado de Santa Catarina.

A coloração amarelada provém dos pigmentos da casca e do pericarpo, que se dissolvem na água de encharcamento. Quando muito escura, dá um mau aspecto, tornando o arroz de difícil aceitação pelo consumidor. A coloração está associada com a variedade, o pH da água, a temperatura de secagem, o tempo e a pressão usados na autoclavagem e, principalmente, com a relação temperatura/tempo durante a fase de encharcamento do arroz em casca. Quanto maiores forem essas variáveis, mais intensa será a cor.

A principal causa atribuída ao escurecimento dos grãos é o escurecimento não enzimático, ocasionado por reações de Maillard que se processam a partir de um nível relativamente alto de açúcares redutores e aminoácidos, em condições de temperatura adequadas à reação.

Enquanto o arroz polido oriundo do beneficiamento convencional tem cor branco-creme, no parboilizado ela varia de amarelo-claro a amarelo-escuro. O mercado consumidor, como já dito, prefere a mais clara. Após o cozimento, a intensidade da coloração é bastante reduzida, porém o primeiro contato do consumidor é com o arroz cru, e essa impressão é que define sua atitude de compra ou não do produto.

A grande permanência do arroz na água de encharcamento pode ocasionar fermentações enzimáticas e microbiológicas indesejáveis, que resultam na formação de compostos de aroma, sabor e cor desagradáveis, podendo tornar o produto inaceitável ao consumo, além da possibilidade de perda de substâncias nutritivas do grão. O grão pode perder, nessa situação, de 1% a 1,5% de matéria seca. Durante a cocção, o arroz, que anteriormente foi submetido a tratamento com encharcamento, desprende um aroma característico, desagradável para alguns consumidores.

Se o grão for encharcado em água quente (70 °C), o odor desagradável é completamente eliminado, mas corre-se o risco de a casca se romper se a temperatura for muito elevada, maior do que a de gelatinização do amido. É importante que no processo se tome cuidado para que o grão não absorva impurezas condensadas do vapor, o que afetaria o sabor e a cor do produto.

Para eliminar o odor, pode-se proceder ao encharcamento sob condições estéreis, mudar a água várias vezes ou insuflar ar nos tanques e manter o pH baixo com produtos químicos. Esses produtos ou são corrosivos ou seu uso pode implicar riscos. As trocas de água no encharcamento diminuem a quantidade de microrganismos e suavizam os efeitos no sabor e no aroma, o que confere melhor aceitação do arroz pelo consumidor; em contrapartida, gera maior volume de efluente a ser tratado.

As propriedades de cocção do arroz se relacionam com a estrutura do amido e seus componentes químicos: amilose e amilopectina.

O amido é composto principalmente de amilose e amilopectina. A amilose tem uma estrutura linear (cadeias $\alpha_{1\text{-}4}$), representada na Figura 3.3, em forma helicoidal e reage com o iodo, resultando em uma coloração roxa. A amilopectina é altamente ramificada (cadeias $\alpha_{1\text{-}6}$), de aspecto arbóreo, também representada na Figura 3.3.

Não desenvolve cor roxa no teste do iodo, mas avermelhada ou violeta. Um arroz com maior conteúdo de amilose se apresentará com grãos muito soltos e firmes ao ser cozido; já um arroz com maior teor de amilopectina será pesado, viscoso, aderido e macio. Cada povo tem sua preferência específica. No Brasil, o mais desejável é um equilíbrio entre esses atributos.

O iodo é aprisionado no interior da hélice formada pela amilose, resultando na cor roxa intensa. Como a amilopectina não possui estrutura helicoidal, devido às ramificações, a interação com o iodo é menor, e a coloração pelo iodo é menos intensa (Figura 4.9).

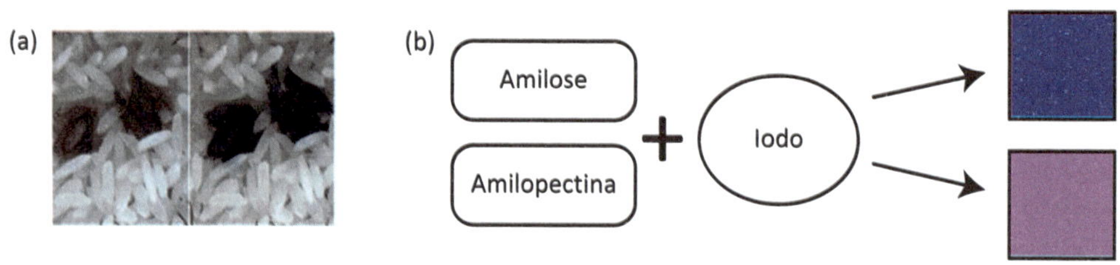

Figura 4.9 – Identificação de amido com teste de iodo.

Fontes: a) Adaptação de EDUCADOR BRASIL ESCOLA, 2023; b) Elaboração própria.

O conteúdo de amilose tem relação com a qualidade do arroz cozido e é o fator varietal mais importante nas características deste, parboilizado ou não. Um conteúdo de 11% a 23% é considerado baixo, e o arroz tem a tendência de ficar pegajoso e úmido após o cozimento (grãos largos). É o arroz preferido no Japão. Conteúdo médio, de 24% a 28%, é a categoria ideal no Brasil. Depois de cozido, o arroz fica macio, solto e seco. Conteúdo de amilose acima de 28% é considerado alto, gerando um produto que tende a ficar endurecido, quando esfriado, após a cocção.

Há cultivares que absorvem mais água do que outras na cocção, o que está associado com a temperatura de gelatinização do amido. Altas temperaturas de gelatinização (74 °C a 80 °C) caracterizam grãos que absorvem menos água na cocção e têm a tendência de ficar pegajosos. Baixas temperaturas de gelatinização (63 °C a 68 °C) indicam muita absorção de água, e temperaturas médias (69 °C a 73 °C) indicam boa absorção, conforme comentado anteriormente.

Quanto à maciez, a temperatura de parboilização define comportamentos que se diferenciam em três grupos: o primeiro, formado pelos grãos parboilizados a 70 °C a 80 °C, que são macios, semelhantes ao arroz branco; o segundo, cuja parboilização se dá entre 90 °C e 100 °C, resulta em maciez moderada, variando de macia a firme, enquanto o processo realizado entre 110 °C e 120 °C produz grãos muito duros. Mais detalhes sobre análise sensorial do arroz são apresentados no Capítulo 8.

Gariboldi (1972; 1974), um dos pioneiros na publicação de trabalhos sobre parboilização, em especial relacionando o processo de encharcamento com as características sensoriais do arroz (sabor, cor, odor e textura), indica que a umidade mínima para gelatinizar o amido é de 30%, a qual ele recomenda.

Arquivo de áudio 5

Questionário 5

4.8 DEFEITOS NO ARROZ

A classificação do arroz, comercialmente, é determinada por padrões e regras estabelecidos por legislação do Ministério da Agricultura e Pecuária (Mapa), por normativas que estabelecem que o arroz seja classificado em grupos, subgrupos, classes e tipos. Os grupos estão relacionados com a forma de apresentação: em casca ou beneficiado. Os subgrupos estão relacionados à forma de beneficiamento: arroz em casca natural, macerado ou parboilizado e arroz beneficiado macerado, parboilizado, integral ou polido. As classes são estabelecidas de acordo com as dimensões dos grãos: longo fino, longo, médio, curto ou misturado. Os tipos são expressos em números de 1 a 5 e estão relacionados ao percentual de defeitos e percentual de quebrados. O Mapa estabeleceu o Regulamento Técnico do Arroz, por meio da Instrução Normativa n.º 6, publicada no *Diário Oficial da União* em 18 de fevereiro de 2009, alterada pela Instrução Normativa n.º 2, publicada no *Diário Oficial da União* em 8 de fevereiro de 2012, que modifica a forma de avaliar a qualidade do arroz em casca (BRASIL, 2009a; 2012). Essas regras também estabelecem a terminologia a ser utilizada, trazendo um glossário com seus significados. A IN n.º 6 possui nove anexos: o primeiro é o regulamento técnico em si e os demais são as tabelas com os percentuais de defeitos tolerados no arroz. São eles: Anexo II – arroz em casca natural; Anexo III – arroz em casca parboilizado; Anexo IV – arroz beneficiado integral; Anexo V – arroz beneficiado parboilizado polido; Anexo VI – arroz beneficiado parboilizado integral; Anexo VII – arroz beneficiado polido; Anexo VIII – fragmento de arroz; Anexo IX – mistura de arroz polido e parboilizado. Esses anexos são apresentados neste item mais adiante.

O único método confiável até o momento para determinar a quantidade de defeitos no arroz é a inspeção visual. A pessoa deve ser treinada para reconhecer os vários tipos de defeitos e julgar em qual categoria se enquadra o dano, conforme a IN n.º 6/2009, complementada pela IN n.º 2/2012. Essa tarefa envolve catação manual com auxílio de pinça, separação e contagem ou pesagem e é uma avaliação lenta e entediante.

Conforme a legislação vigente (IN n.º 6/2009), o arroz beneficiado parboilizado polido deve atender a limites máximos de defeitos, expressos em porcentagem de peso, conforme o tipo (1 a 5). São eles: matérias estranhas e impurezas; grãos mofados, ardidos e enegrecidos; grãos não gelatinizados; grãos danificados; grãos rajados; grãos picados ou manchados; cinco grãos marinheiros por quilo, além da quantidade de quebrados e quirera. Esses limites, conforme o tipo, estão definidos para arroz, conforme as Tabelas 4.2 a 4.8, adaptadas a partir dos anexos da IN n.º 6/2009 e da IN n.º 2/2012, apresentadas adiante.

Os grãos danificados podem surgir pela ação da água, de insetos, do calor ou por outras razões. O dano pode ocorrer na lavoura, antes da colheita, durante o encharcamento, durante a secagem ou durante o armazenamento e manuseio. Os grãos que durante o encharcamento situam-se nas camadas inferiores dos tanques de encharcamento têm maior grau de danificação, pois podem ser mais afetados pelo calor. O encharcamento é mais influente na danificação. Os grãos danificados se caracterizam por apresentarem rachaduras longitudinais ou deformações quando estouram como pipoca, e sua presença diminui o rendimento de grãos inteiros.

Os grãos picados são um problema sério, pois o processo de parboilização tende a intensificar a cor marrom ou preta, e esses grãos podem ficar manchados. Tal defeito, causado por insetos sugadores e fungos, ocorre principalmente na lavoura, quando o grão está em estado leitoso ou pastoso. Após a parboilização, os grãos picados ou manchados por fungos não podem ser diferenciados dos grãos picados ou manchados devido a insetos ou outras causas. Esse defeito é percebido só após o arroz ser descascado, uma vez que, geralmente, não há dano externo na casca que permita identificar o ataque. Os pontos onde o grão é picado podem servir de entrada para fungos patogênicos, que causam manchas características e resultam em um produto de baixa qualidade após o beneficiamento, além do risco de produção de micotoxinas.

O defeito de picado poderá mostrar-se no grão polido como pintas (alfinetadas) ou manchas, dependendo da profundidade do dano, o que poderá defini-lo como picado ou manchado. Para serem caracterizadas como defeito, as alfinetadas devem ser visíveis a olho nu, isto é, alfinetadas minúsculas não caracterizam defeito conforme a legislação. Esse tipo de dano poderá levar o grão ao escurecimento durante o processo de autoclavagem. As manchas são de cor amarelo-escura ou marrom no grão ou na base do embrião e ocorrem pela ação do calor na parboilização ou na secagem.

Os grãos manchados podem ser ocasionados também pelo tempo úmido após a maturação do arroz, o que causa vários tipos de manchas, além de promover o aparecimento de fungos, que podem evoluir para danos graves, visíveis a olho nu, que são os grãos mofados. Certos fungos de armazenamento podem produzir manchas. As manchas causadas por fungos, principalmente, no campo, *Helminthosporium oryzae*, ou outros no armazenamento, formam lesões de cor marrom ou preta e são intensificadas pelo processo de parboilização. No arroz não parboilizado, os grãos afetados normalmente quebram no beneficiamento, ou as manchas, se superficiais, são facilmente removidas, com o farelo, pelo brunimento. Se esses grãos permanecerem na linha de processamento, serão removidos no final do processo nas máquinas de seleção por cor. Os pigmentos são absorvidos, em parte, pelo endosperma, podendo atingir o centro do grão. Os fungos crescem em condições climáticas favoráveis, durante os períodos de desenvolvimento e maturação do grão, mas podem afetar o arroz com casca, descascado ou polido. O retardamento da secagem e/ou o armazenamento em condições inadequadas favorecem o desenvolvimento fúngico. O grão mofado pode apresentar manchas brancas ou escuras.

Os grãos ardidos são causados pelo excessivo calor durante a secagem artificial ou por condições de alta umidade e fermentações, durante o armazenamento, podendo resultar no desenvolvimento de manchas que vão do avermelhado ao marrom. Se os grãos absorverem água em demasia no encharcamento, haverá intumescimento excessivo, rompendo a casca. Com isso, seu conteúdo pode se dissolver parcialmente, e o que restar ficará ardido devido ao calor recebido nas operações seguintes. A parboilização pode aumentar em até treze vezes o teor de grãos ardidos, dependendo do estado de conservação do arroz submetido ao processo. O grão é considerado ardido se a cor marrom-escura ocupar mais de 25% da sua área.

Os grãos gessados ocorrem em condições ambientais e de cultura desfavoráveis e em grãos imaturos. Algumas variedades possuem a tendência genética de não terem uniformidade na maturação dos grãos, mesmo dentro de uma só panícula. O grão gessado é descartado pela sua aparência branca opaca, semelhante ao gesso, e por ser normalmente muito mais frágil, quebrando-se durante o beneficiamento do arroz não parboilizado, o que reduz o rendimento. A parboilização tende a deixar os grãos mais fortes, e muitos gessados são gelatinizados, passando a ser considerados normais.

O arroz vermelho e o arroz preto pertencem à mesma espécie *Oryza sativa,* L., mas são considerados plantas invasoras. A semente entra em dormência após a colheita e mantém sua viabilidade no solo por vários anos. Essa semente apresenta pericarpo vermelho ou preto, muito aderido, afetando a aparência e reduzindo o valor comercial do arroz. Geralmente, o arroz vermelho ou preto é mais largo que o branco, o que fará com que se quebre durante o brunimento, porém os grãos mais finos que permanecem inteiros apresentam, após o polimento, estrias longitudinais vermelhas ou pretas e são chamados de rajados. O defeito chamado de enegrecido é diferente do arroz preto. O enegrecido é aquele grão parboilizado que tem toda a sua superfície escurecida, de cor preta, pela ação excessiva de calor durante o beneficiamento.

Quando se está industrializando arroz branco, a presença de grãos amarelos deprecia grandemente o produto, baixando a classificação e, consequentemente, o preço. O fator que preponderantemente causa o amarelamento do arroz é a umidade. O arroz em casca, com teor de umidade acima de 13%, está sujeito a fermentações e a amarelar. Cinco meses de armazenamento podem duplicar ou triplicar o teor de grãos amarelos, conforme a variedade e o meio armazenador. A parboilização desses grãos pode provocar a evolução desses defeitos, agravando-os. Para o arroz parboilizado, grãos amarelos não são considerados defeituosos.

Grãos não gelatinizados integram os defeitos do arroz parboilizado. Por não terem sido completamente gelatinizados, apresentam uma região branca opaca, em contraste com o restante translúcido, sob luz polarizada. Se o encharcamento for insuficiente, o grão não gelatinizado permanece. Para ser considerado gelatinizado, no mínimo a camada externa do grão tem que ser translúcida sob luz polarizada.

Um tratamento hidrotérmico suave restaura grãos fissurados (solda), elimina grãos opacos (gessados) e dá uma cor clara, considerada ótima para o arroz parboilizado.

Tabela 4.2 – Limites máximos de tolerância de defeitos em arroz em casca natural, expressos em % peso

Tipo	Ardidos	Picados* ou manchados	Gessados e verdes	Rajados	Amarelos
1	0,15	1,75	2,00	1,00	0,50
2	0,30	3,00	4,00	1,50	1,00
3	0,50	4,50	6,00	2,00	2,00
4	1,00	6,00	8,00	3,00	3,00
5	1,50	8,00	10,00	4,00	5,00

* As minúsculas alfinetas não são consideradas defeitos mesmo se ocorrer mais de uma alfinetada

Fonte: Anexo II da IN n.º 6/2009 (Brasil, 2009a), com alterações da IN n.º 2/2012 (Brasil, 2012).

Impurezas

(a)

Matéria estranha (anjiquinho)

(b)

Impurezas e matérias estranhas

(c)

Quebrados

(d)

Quirera

(e)

Grãos inteiros

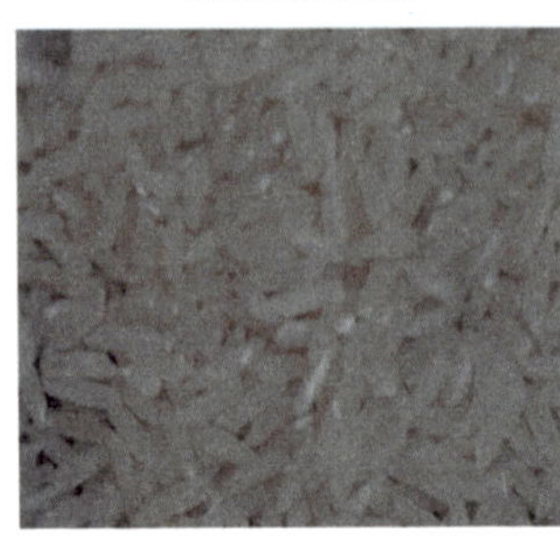

(f)

Figura 4.10 – Defeitos do arroz. (*continua*)

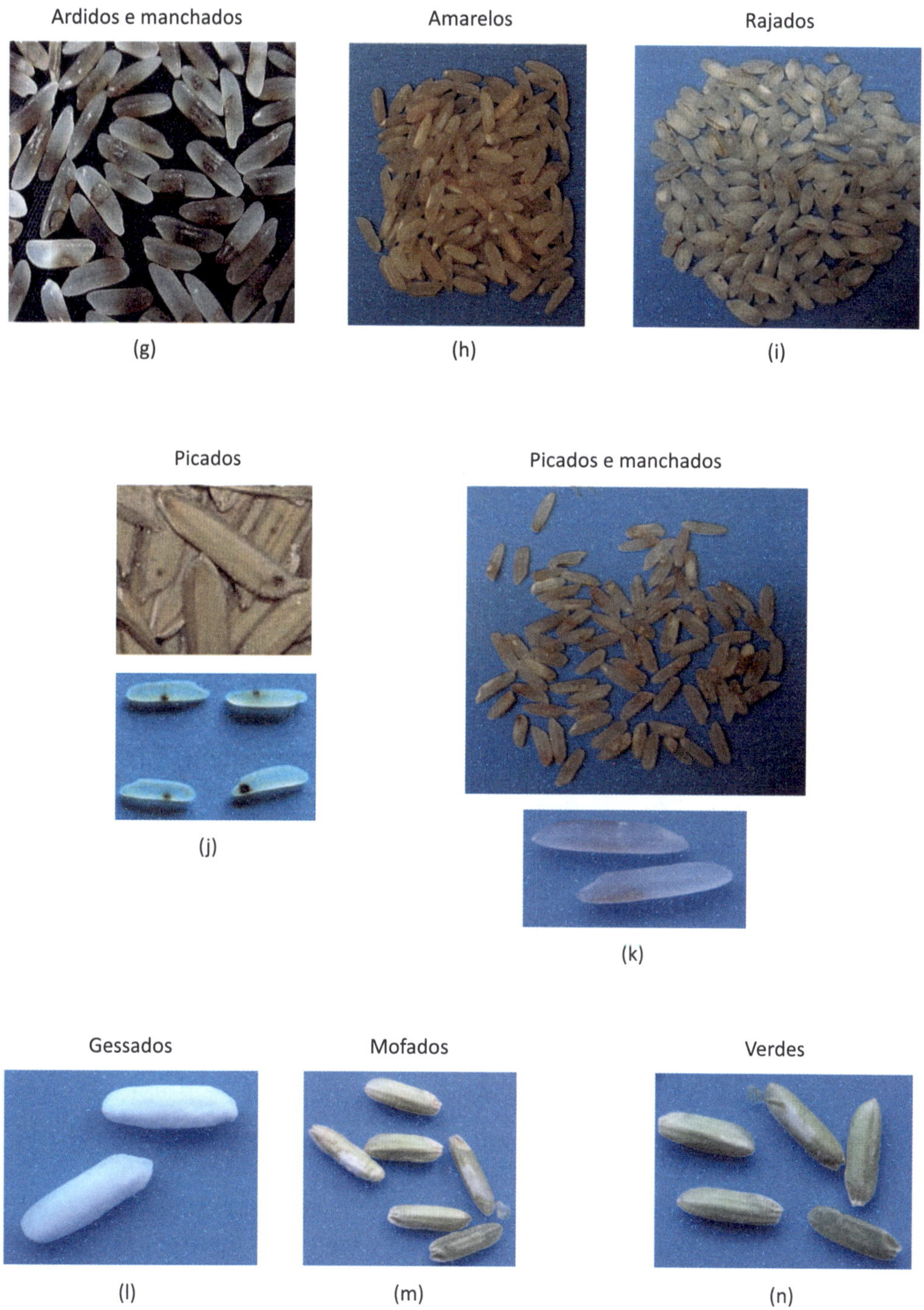

Figura 4.10 – Defeitos do arroz. (*continua*)

Danificados "Barriga branca"

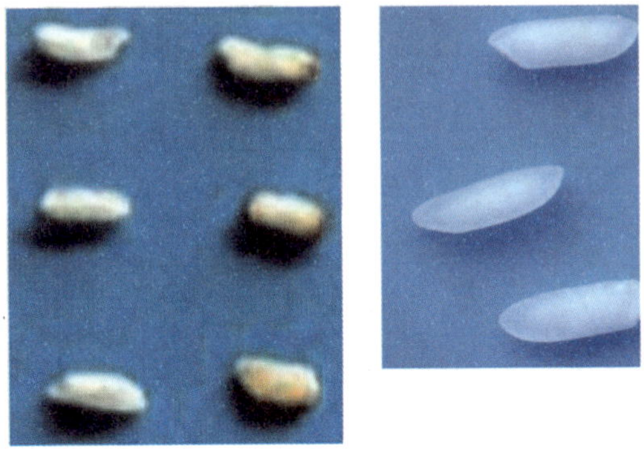

(o)

Arroz preto e grãos enegrecidos

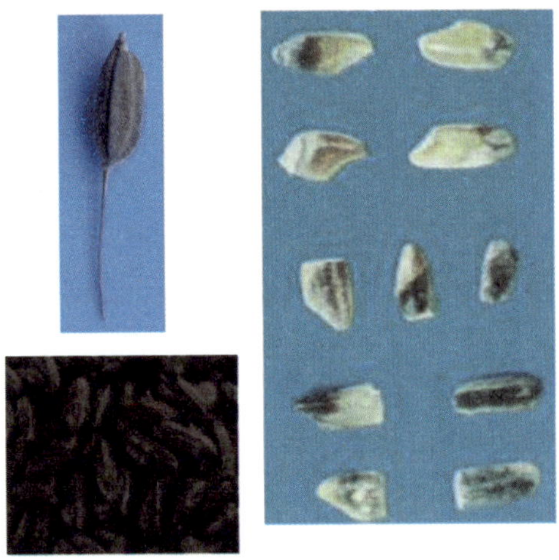

(p) (q)

Figura 4.10 – Defeitos do arroz. (*continuação*)

Fontes: a), b), c), h), i), k), l), m) n), p) Adaptação de LUZ, C. A. S. da, 2015; d) Adaptação de ALIBABA, 2020; e), j), o) Adaptação de AMATO, 2017; f) Adaptação de LUZ, C. A. S. da, 2019; g) Adaptação de HICKEL, 2015; q) Adaptação de UFV, 2020.

O arroz em casca que apresentar percentual de matérias estranhas e impurezas superior a 2% deverá ser classificado, e o percentual de matérias estranhas e impurezas encontrado deverá ser anotado nos documentos de classificação, bem como o percentual de umidade. Retiram-se as matérias estranhas e impurezas utilizando-se peneira de crivos oblongos de 1,75 × 20,00 a 22,00 mm. Grãos chochos e marinheiros que vazarem são considerados impurezas, porém os descascados (inteiros ou quebrados) voltam à amostra original. As impurezas e matérias estranhas que não vazarem serão catadas com pinça e removidas.

(a)

(b)

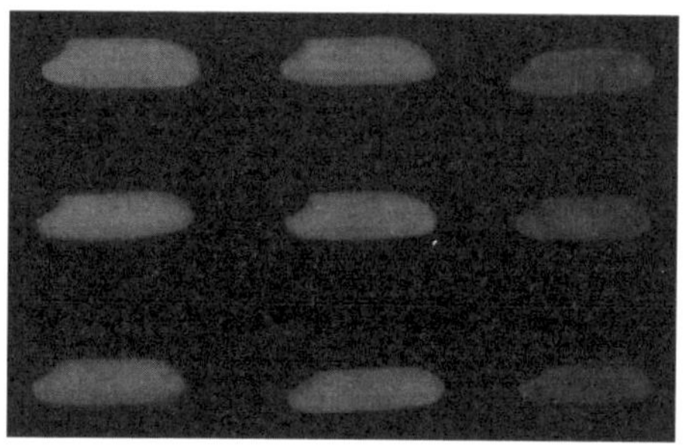

(c)

Figura 4.11 – Aparelho construído para visualizar grãos não gelatinizados: a) utilizado em uma empresa; b) o mesmo aparelho construído para o Laboratório de Engenharia de Pós-colheita da Engenharia Agrícola (UFPel); c) grãos não gelatinizados – opacos – e grãos gelatinizados – translúcidos vistos sob luz polarizada.

Fontes: a) Adaptação de LUZ, C. A. S. da, 2011; b); Adaptação de LUZ M. L., 2016; c) Adaptação de TECLA CLASSIFICAÇÃO VEGETAL, 2023.

Se incidirem sobre o grão de arroz dois ou mais defeitos, prevalecerá o defeito mais grave, obedecendo à seguinte escala decrescente de gravidade:

a) para o arroz em casca, subgrupo natural: ardidos, amarelos, rajados, picados ou manchados, gessados e verdes; e

b) para o arroz em casca, subgrupo parboilizado: ardidos e enegrecidos, danificados, rajados, picados ou manchados e não gelatinizados.

Tabela 4.3 – Limites máximos de tolerância de defeitos em arroz em casca parboilizado, expressos em % peso

Tipo	Ardidos e enegrecidos	Não gelatinizados*	Danificados	Rajados	Picados ou manchados
1	0,20	20,00	0,50	1,00	1,75
2	0,40	25,00	1,00	1,50	3,00
3	0,60	35,00	1,50	2,00	4,50
4	0,80	45,00	2,00	3,00	6,00
5	1,00	55,00	3,00	4,00	8,00

* A avaliação sob luz polarizada é realizada com amostras de 50 grãos sem defeitos. O limite máximo de tolerância para grãos não parboilizados é de 0,30% para todos os tipos, acima desse limite o arroz é classificado como fora de tipo.

Fonte: Anexo III da IN n.º 6/2009 (Brasil, 2009a), com alterações da IN n.º 2/2012 (Brasil, 2012).

Tabela 4.4 – Limites máximos de tolerância de defeitos em arroz beneficiado integral, expressos em % peso

Tipo	Matérias estranhas e impurezas	Mofados e ardidos	Picados ou manchados	Gessados e verdes	Vermelhos e pretos	Amarelos	Total de quebrados e quirera
1	0,10	0,15	1,75	2,00	1,00	0,50	4,00
2	0,20	0,30	3,00	4,00	1,50	1,00	7,50
3	0,30	0,50	4,50	6,00	2,00	2,00	12,50
4	0,40	1,00	6,00	8,00	3,00	3,00	15,00
5	0,50	1,50	8,00	10,00	4,00	5,00	20,00

* Os grãos são impróprios para comercialização se o percentual de matérias estranhas e impurezas, de acordo com o subgrupo de ocorrência, for igual ou superior a 3%, exceto para a categoria quirera dos fragmentos do arroz, que será de 7%, quando o produto for destinado diretamente à alimentação humana.
** O limite máximo de marinheiro é 10 grãos em 1.000 g para todos os tipos. Acima desse valor o arroz é classificado como fora de tipo.

Fonte: Anexo IV da IN n.º 6/2009 (Brasil, 2009a).

Tabela 4.5 – Limites máximos de tolerância de defeitos em arroz beneficiado parboilizado polido, expressos em % peso

Tipo	Matérias estranhas e impurezas	Mofados, ardidos e enegrecidos	Não gelatinizados	Danificados	Rajados	Picados ou manchados	Total de quebrados e quirera	Quirera (máx.)
1	0,05	0,20	20,00	0,50	1,00	1,75	4,50	0,40
2	0,10	0,40	25,00	1,00	1,50	3,00	7,00	0,50
3	0,15	0,60	35,00	1,50	2,00	4,50	9,00	0,75
4	0,20	0,80	45,00	2,00	3,00	6,00	11,00	1,00
5	0,25	1,00	55,00	3,00	4,00	8,00	15,00	1,25

* O limite máximo de tolerância para grãos não parboilizados é de 0,30% para todos os tipos. Acima desse limite o arroz é classificado como fora de tipo.

** O limite máximo de marinheiro é 5 grãos em 1.000 g para todos os tipos. Acima desse valor o arroz é classificado como fora de tipo.

Fonte: Anexo V da IN n.º 6/2009 (Brasil, 2009a).

Tabela 4.6 – Limites máximos de tolerância de defeitos em arroz beneficiado parboilizado integral, expressos em % peso

Tipo	Matérias estranhas e impurezas	Mofados, ardidos e enegrecidos	Não gelatinizados	Danificados	Vermelhos e pretos	Picados ou manchados	Total de quebrados e quirera
1	0,05	0,20	20,00	0,50	1,00	1,75	2,50
2	0,10	0,40	25,00	1,00	1,50	3,00	4,00
3	0,15	0,60	35,00	1,50	2,00	4,50	6,00
4	0,20	0,80	45,00	2,00	3,00	6,00	8,00
5	0,25	1,00	55,00	3,00	4,00	8,00	10,00

* O limite máximo de tolerância para grãos não parboilizados é de 0,30% para todos os tipos. Acima desse limite o arroz é classificado como fora de tipo.

** O limite máximo de marinheiro é 5 grãos em 1.000 g para todos os tipos. Acima desse valor o arroz é classificado como fora de tipo.

Fonte: Anexo VI da IN n.º 6/2009 (Brasil, 2009a).

Tabela 4.7 – Limites máximos de tolerância de defeitos em arroz beneficiado polido, expressos em % peso

Tipo	Matérias estranhas e impurezas	Mofados e ardidos	Picados ou manchados	Gessados e verdes	Rajados	Amarelos	Total de quebrados e quirera	Quirera (máx.)
1	0,10	0,15	1,75	2,00	1,00	0,50	7,50	0,50
2	0,20	0,30	3,00	4,00	1,50	1,00	15,00	1,00
3	0,30	0,50	4,50	6,00	2,00	2,00	25,00	2,00
4	0,40	1,00	6,00	8,00	3,00	3,00	35,00	3,00
5	0,50	1,50	8,00	10,00	4,00	5,00	45,00	4,00

* O limite máximo de marinheiro é 10 grãos em 1.000 g para todos os tipos. Acima desse valor o arroz é classificado como fora de tipo.

Fonte: Anexo VII da IN n.º 6/2009 (Brasil, 2009a).

Tabela 4.8 – Limites máximos de tolerância de fragmentos de arroz, expressos em % peso

Parâmetros	Categorias	
	Quebrados	Quirera
Somatório dos defeitos	15,00	20,00
Matérias estranhas e impurezas	1,00	5,00
Tipo	Único	Único

* O limite máximo de marinheiro é 10 grãos em 1.000 g para todos os tipos. Acima desse valor o arroz é classificado como fora de tipo.

Fonte: Anexo VIII da IN n.º 6/2009 (Brasil, 2009a).

Tabela 4.9 – Limites máximos de tolerância de mistura* de arroz branco polido e parboilizado, expressos em % peso

Tipo	**Matérias estranhas e impurezas**	**Mofados, ardidos e enegrecidos**	**Picados ou manchados**	**Gessados e verdes**	**Não gelatinizados**
Único	0,10	0,15	1,75	2,00	20,00**
Tipo	Rajados	Amarelos	Danificados	Total de quebrados e quirera	Quirera (máx.)
Único	1,00	0,30	0,50	5,00	0,50

* O tipo único, misturado, não poderá ser comercializado como se apresenta, devendo ser rebeneficiado, desdobrado ou recomposto para efeito de enquadramento em tipo.

** O limite máximo de marinheiro é 10 grãos em 1.000 g para todos os tipos. Acima desse valor o arroz é classificado como fora de tipo.

*** 20% do valor declarado para o arroz parboilizado.

Fonte: Anexo IX da IN n.º 6/2009 (Brasil, 2009a), com alterações da IN n.º 2/2012 (Brasil, 2012).

O limite máximo admitido pela normativa para grãos não parboilizados é de 0,30% para todos os tipos. Acima desse valor, o produto será classificado como fora de tipo. Esse defeito advém de um processo de parboilização deficiente e é verificado quando o grão se apresenta opaco ao ser submetido à luz polarizada.

O grão danificado também provém de um processo de parboilização deficiente, que causa danos importantes, como rachaduras longitudinais, embora o grão ainda mantenha seu formato, ou quando o grão estoura, como pipoca.

O limite máximo de tolerância admitido para marinheiros é de 5 ou 10 grãos em 1.000 g para todos os tipos, dependendo do subgrupo de arroz. Se ficar acima desse valor, o produto será considerado como fora de tipo.

Arquivo de áudio 6

Questionário 6

CAPÍTULO 5
Beneficiamento do arroz

O beneficiamento do arroz é feito em locais chamados engenhos. O processo visa à remoção da casca que envolve o grão, seguida do brunimento, que é a retirada da película escura do grão, e do polimento, responsável por dar brilho, melhorando a aparência, pois grande parte dos consumidores prefere um arroz branco.

O beneficiamento do arroz, portanto, tem o objetivo de torná-lo comestível. Para isso, inicialmente, a casca tem de ser removida. Dessa forma se obtém o arroz integral, também chamado de esbramado. Para o arroz integral se tornar arroz branco há a necessidade de remover as camadas externas que envolvem o endosperma amiláceo, ou seja, remover pericarpo, tégmen, camada de aleurona e embrião (essas camadas removidas compõem o farelo). A casca constitui de 18% a 28% do peso do arroz em casca, e a cariópse (arroz integral), de 72% a 83%. O embrião constitui de 2% a 3% do peso do arroz integral, o farelo sem embrião de 5% a 8% e o endosperma de 89% a 94%.

O teor de água do arroz para descascamento é o mesmo de armazenamento, normalmente 13% ou abaixo.

Por beneficiamento, entendem-se informalmente as operações realizadas com o grão limpo e seco. A rigor, porém, qualquer operação realizada após a colheita pode ser caracterizada como beneficiamento. Assim, uma Unidade de Beneficiamento de Arroz pode realizar somente limpeza e secagem – geralmente localizada na propriedade produtora – ou realizar o beneficiamento propriamente dito do arroz – realizado em engenhos que geralmente se encontram em distritos industriais de centros urbanos, em instalações intermediárias.

O beneficiamento do arroz deve ser cuidadoso a fim de evitar quebras no cereal. A extensão das perdas da parte comestível do arroz depende de inúmeros fatores, como a variedade de arroz, condições do arroz durante o beneficiamento, grau de polimento necessário, os tipos de equipamentos usados, regulagens dos equipamentos, perícia do operador, infestação de insetos, entre outros.

O beneficiamento do arroz tradicionalmente se inicia com a remoção da casca do grão. Essa operação de descascamento não deve ser realizada logo após a colheita nem logo após a secagem do cereal. O descascamento deve ser realizado após determinado período de armazenamento, porque isso melhora o comportamento do arroz, tanto no processamento como no cozimento. Algumas das características que são alteradas são maior absorção de água no cozimento, menor tendência de o arroz aglomerar-se após o cozimento e menor perda de sólidos durante o cozimento. Essas características modificadas durante o armazenamento se relacionam com transformações da amilose e da amilopectina do grão, bem como com o equilíbrio das tensões no grão, geradas pelos processos térmicos anteriores (parboilização, secagem).

No processamento do arroz parboilizado, o beneficiamento é realizado após todas as operações pertinentes à parboilização (encharcamento, autoclavagem e secagem).

A quebra no arroz, que pode ocorrer no campo, na secagem ou após esta, é um sério problema econômico. Como o produtor recebe pelo rendimento do produto, ou seja, pelos grãos inteiros, com a quebra tanto o produtor como o industrial perdem, pois o valor comercial é maior para os grãos inteiros do que para os quebrados.

O rendimento de engenho é a soma dos grãos inteiros e grãos com ¾ do comprimento total, que, para efeitos de classificação, são também considerados como "inteiros". Essa é a porção mais valorizada do arroz, por isso essa operação deve ser realizada cuidadosamente, para evitar a quebra dos grãos, razão pela qual o controle da umidade e a correta regulagem do equipamento são fundamentais. A parboilização do arroz também tem o objetivo de diminuir o percentual de grãos quebrados, conforme comentado anteriormente.

O rendimento de engenho é um parâmetro comumente aceito para medir a qualidade do arroz, principalmente na comercialização dos grãos com casca, e varia conforme a variedade, a classe de grãos, as condições da cultura, secagem, armazenamento e beneficiamento. Para o arroz parboilizado, o rendimento de engenho fica entre 66% e 75%, e para arroz branco, em torno de 58%, podendo chegar a 62% em condições muito controladas e baixas temperaturas da massa de grãos na secagem (40 °C a 42 °C). Parte dos quebrados pode ser readicionada aos inteiros, de acordo com a legislação. A parte excedente destina-se, principalmente, à indústria de rações, junto com a quirera. O farelo é a matéria-prima industrial para extração de óleo, que ao ser removido produz farelo desengordurado, geralmente usado diretamente na ração animal.

A operação de descascamento é facilitada para o arroz parboilizado, que apresenta casca mais solta, a qual se abre um pouco devido ao processo de parboilização. No entanto, o brunimento é dificultado pelo endurecimento do grão e porque as gorduras ficam dissolvidas nas camadas mais externas, tornando os grãos escorregadios, o que faz o grão parboilizado fluir com mais facilidade que o não parboilizado.

O arroz parboilizado requer maior abrasão que o arroz não parboilizado para atingir o mesmo grau de brunimento e polimento. As camadas mais externas do grão são mais fáceis de serem retiradas do que as mais internas.

No arroz parboilizado, secado e beneficiado adequadamente, a presença de grãos quebrados se deve principalmente à ação abrasiva do equipamento industrial, uma vez que as trincas existentes nos grãos são soldadas com a gelatinização. Variedades com alto teor de proteína são mais resistentes à abrasão, resultando em maior rendimento de engenho.

O arroz é descascado, brunido e polido. Em seguida, é separado, classificado e embalado. Todos esses processos, que constituem o chamado beneficiamento do arroz, serão detalhados adiante.

5.1 FLUXOGRAMAS

Os fluxogramas do arroz branco polido e do arroz parboilizado mostrados a seguir diferem entre si basicamente pela adição de três processos no fluxograma do arroz parboilizado: encharcamento, autoclavagem e secagem preliminar.

Em geral, nos engenhos de arroz, durante a recepção de uma carga de arroz são realizados testes e define-se se essa carga deve ser direcionada para a linha de arroz branco ou para a de parboilizado. Se o arroz tem maior índice de quebra durante o teste realizado no engenho de provas (Figura 5.1), normalmente ele é direcionado para a linha de parboilização, processo que irá "soldar" as fissuras, enrijecer o grão e torná-lo menos suscetível à quebra, valorizando-o economicamente.

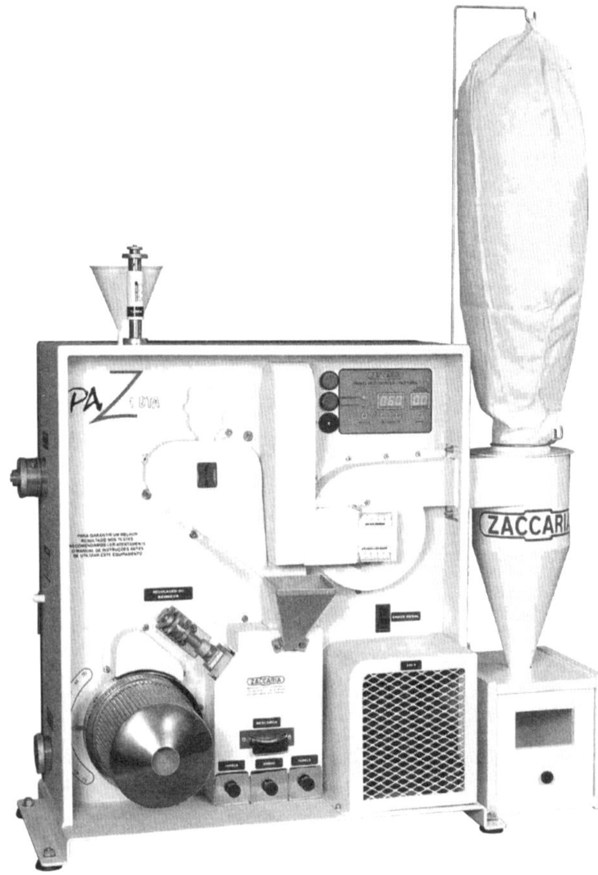

Figura 5.1 – Engenho de provas.

Fonte: Adaptação de ZACCARIA, 2020.

A produção do arroz branco se dá em três fases: preparo para o beneficiamento, beneficiamento e classificação.

O fluxograma apresentado na Figura 5.2 mostra, de forma ilustrativa, todo o percurso do arroz em um engenho de parboilização de arroz.

A Figura 5.3 mostra o fluxograma básico do processamento do arroz branco e a Figura 5.4, o fluxograma básico do processamento do arroz parboilizado. Na Figura 5.5 está o fluxograma completo, com o detalhamento das operações para processamento de arroz branco em um engenho, se recebido seco ou úmido.

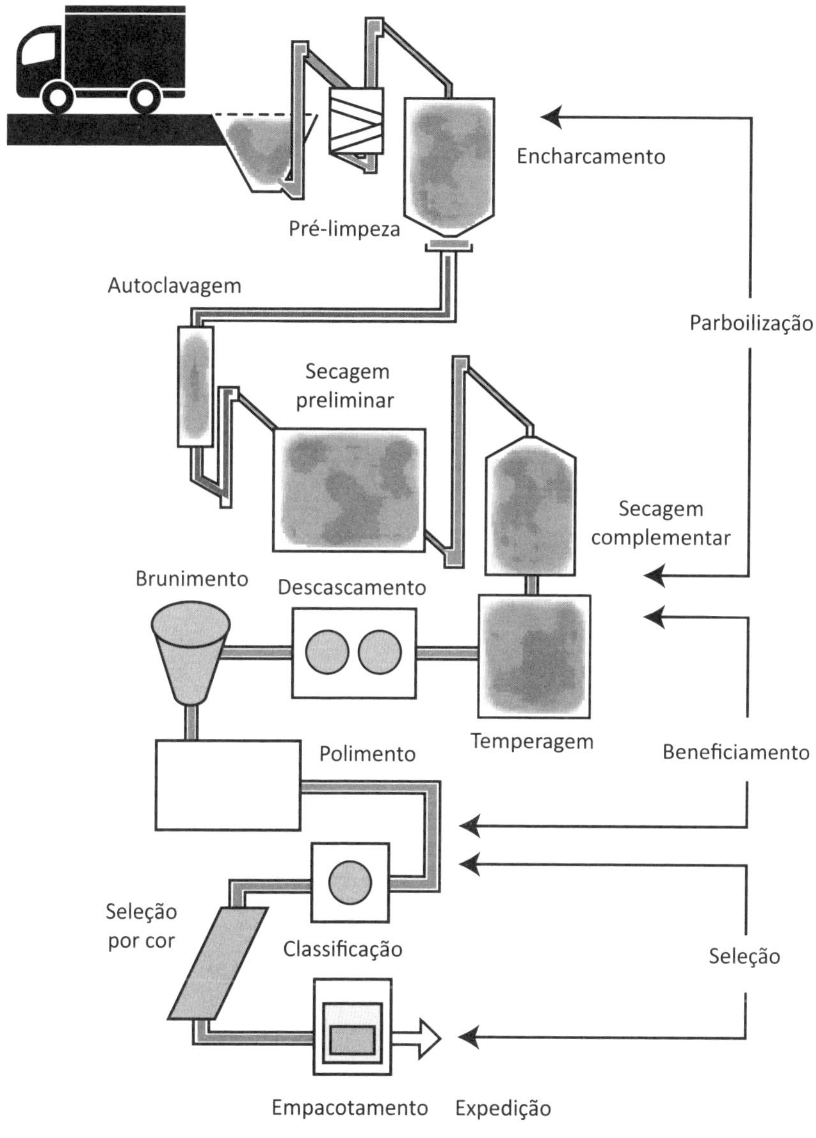

Figura 5.2 – Fluxograma do beneficiamento do arroz parboilizado.

Fonte: Adaptação de URBANO ALIMENTOS, s.d.

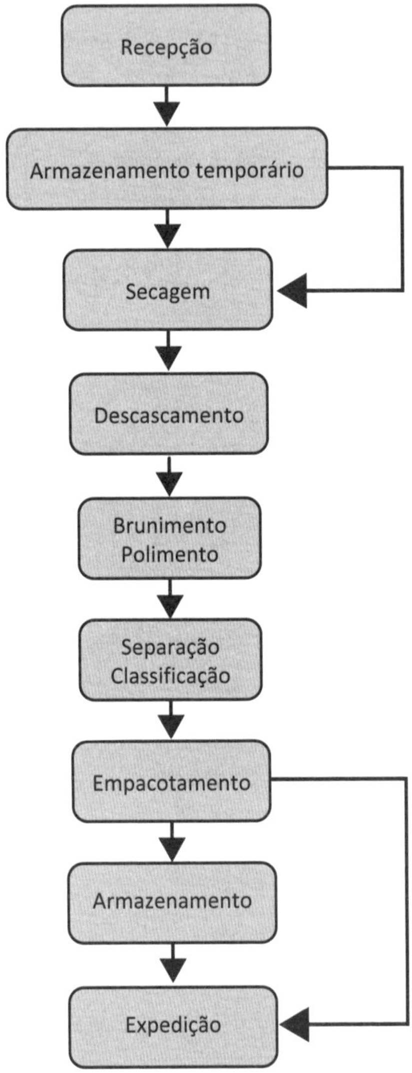

Figura 5.3 – Fluxograma básico do processamento do arroz branco.

Fonte: Elaboração própria.

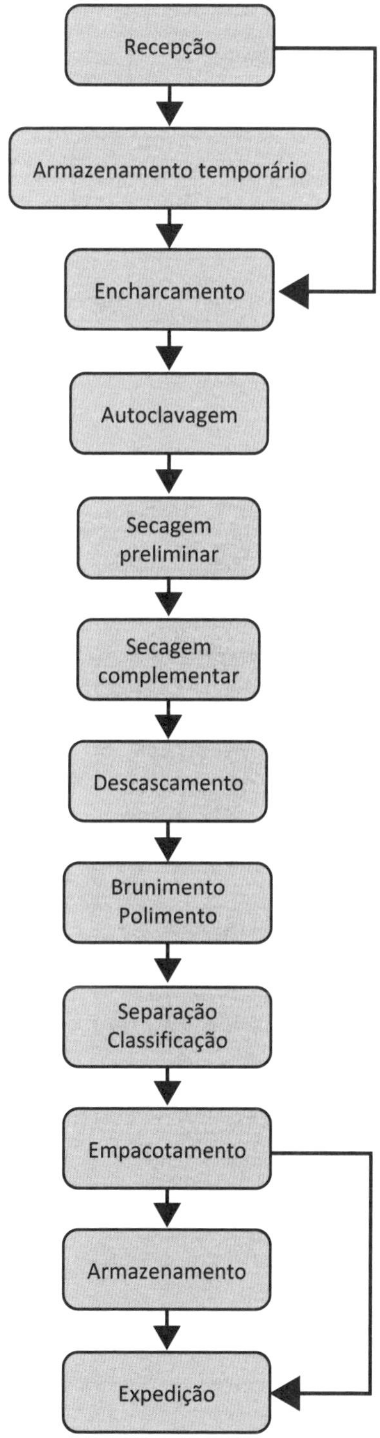

Figura 5.4 – Fluxograma básico do processamento do arroz parboilizado.

Fonte: Elaboração própria.

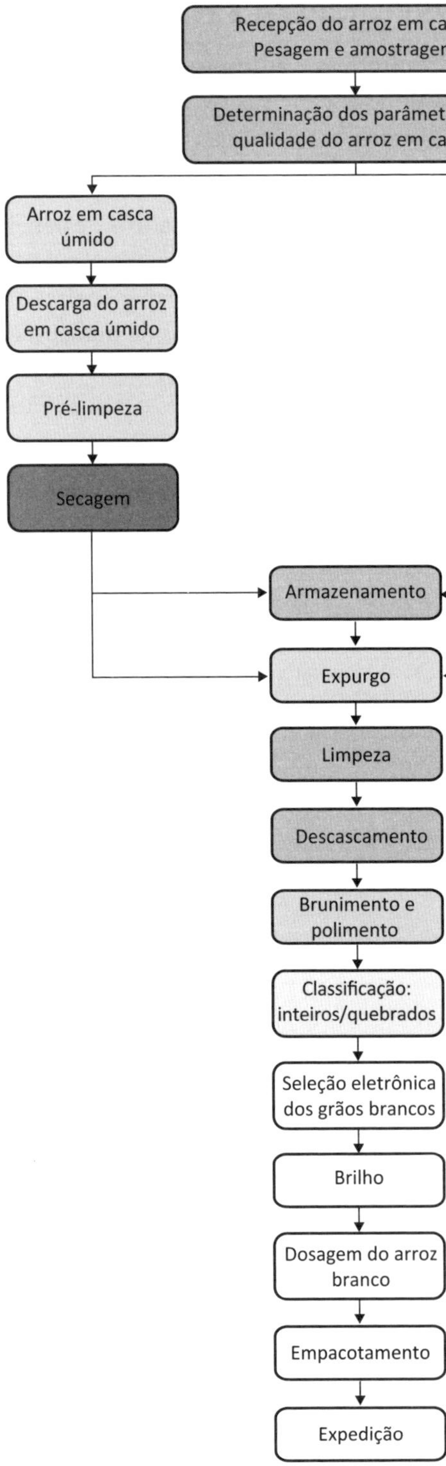

Figura 5.5 – Fluxograma completo de processamento de arroz branco em um engenho.

Fonte: Elaboração própria.

5.2 MÁQUINAS PARA PRÉ-LIMPEZA E LIMPEZA DE CEREAIS

As máquinas que realizam a pré-limpeza e a limpeza de grãos e sementes são comumente chamadas de máquinas de ar e peneiras (MAP). Em Unidades pequenas, uma mesma máquina pode ser utilizada para ambas as operações, bastando trocar as peneiras para atender a uma ou outra operação.

São construídas em estrutura de chapa de aço, com quadros de peneiras de madeira, assentadas sobre pilares de concreto. Algumas possuem câmara dupla para aspiração das impurezas leves, registros para a regulagem do ar, peneiras metálicas para separar impurezas maiores e menores que o grão, quadros de madeira com esferas de borracha para autolimpeza das peneiras ou outros dispositivos de limpeza como escovas ou batedores. As MAP são acionadas por correia em V perfil B. São consideradas máquinas básicas em uma Unidade de Beneficiamento.

5.2.1 PRÉ-LIMPEZA

Pré-limpeza é a operação preliminar, ou seja, logo após a recepção do lote, limitando a quantidade de materiais indesejáveis em uma massa de grãos de maneira a permitir o posterior processamento. Trata-se de uma operação rápida, realizada por peneiras de furação muito maiores e muito menores que o grão, para remover impurezas dessa natureza.

Na operação eficiente de pré-limpeza a umidade dos grãos é de até 18% b.u. O produto entra na máquina com até 8% de impurezas e sai com até 4% de impurezas, em média. Essa operação deve ser realizada para eliminar as contaminações grosseiras da massa de grãos e com isso evitar secar material que deveria ter sido descartado. Previnem-se também incêndios no secador, uma vez que palha e materiais leves são mais suscetíveis à combustão.

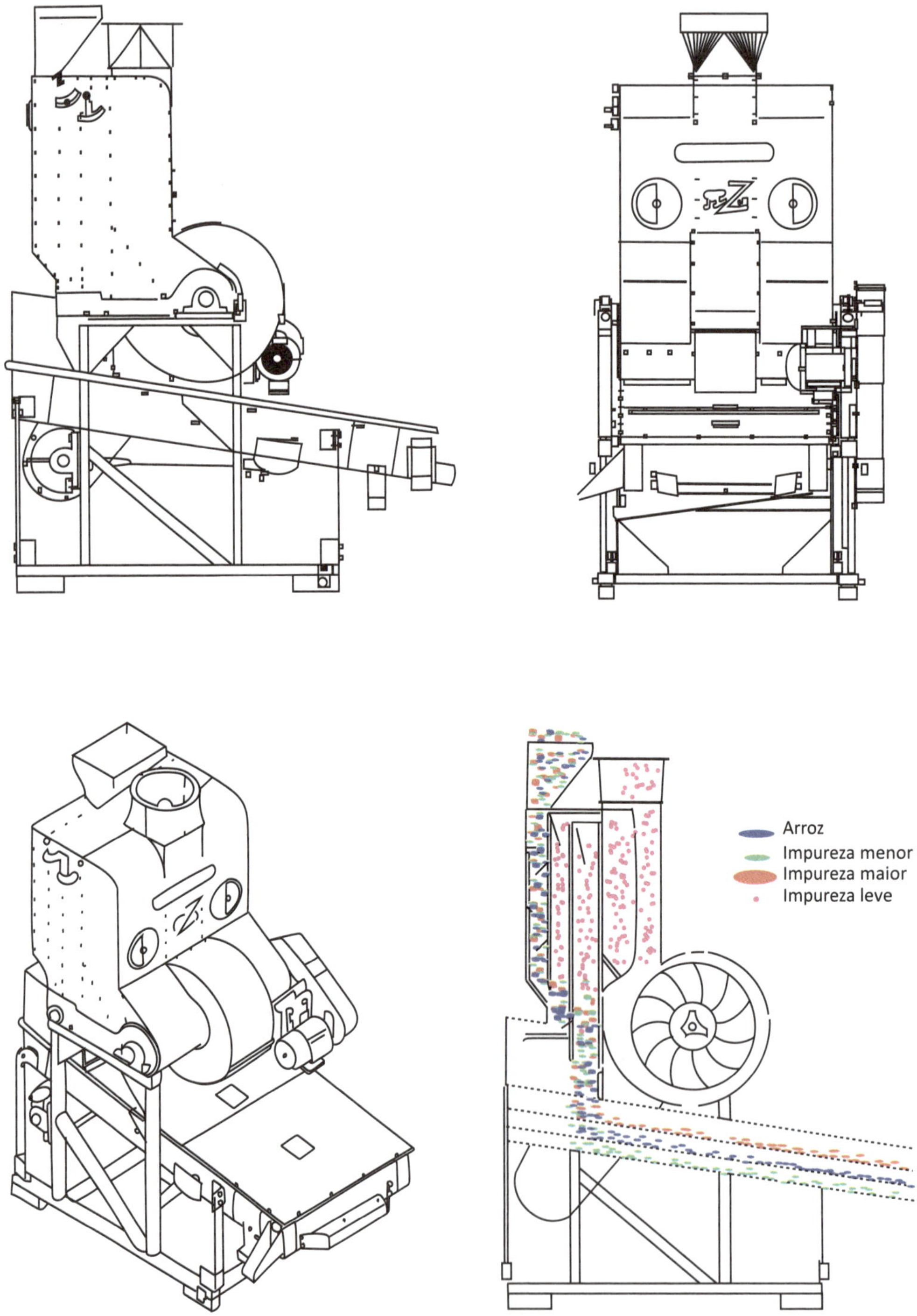

Figura 5.6 – Vistas lateral e frontal de uma máquina de pré-limpeza.

Fonte: Adaptação de ZACCARIA, 2020.

Figura 5.7 – Peneiras e resíduos removidos.

Fonte: Adaptação de LUZ, C. A. S. da, 2011.

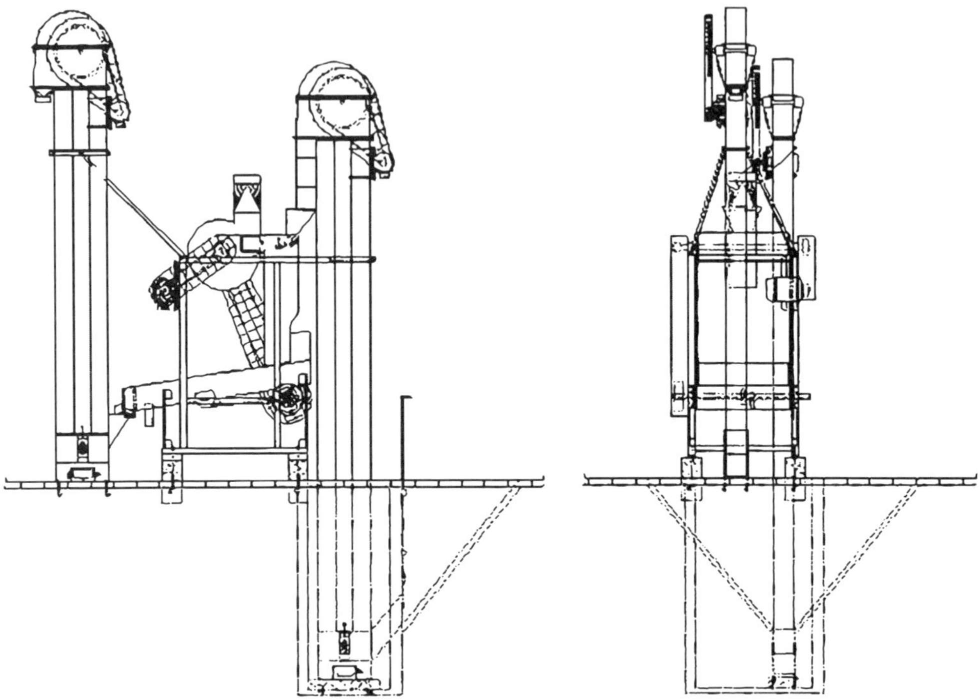

Figura 5.8 – Vista lateral e frontal de uma máquina de pré-limpeza e elevadores.

Fonte: Adaptação de ZACCARIA, 2020.

Capacidade: esse tipo de máquina pequena pode produzir até 7.000 $kg.h^{-1}$ de arroz em casca, considerando que sua massa específica seja de 600 $kg.m^{-3}$. Há no mercado, porém, máquinas de grande capacidade, por exemplo, 120 $t.h^{-1}$. A capacidade é função do tipo de cereal e das suas respectivas massas específicas, dentre outros fatores.

Esse tipo de máquina funciona com motor elétrico com 4 polos. Para atender à capacidade de 7 $t.h^{-1}$, por exemplo, o motor possui em torno de 5 cv.

Uma mesma máquina pode funcionar como limpadora ou pré-limpadora de cereais, dependendo das condições iniciais de impurezas e umidade dos cereais. Uma vez definida a operação, são determinadas as furações adequadas das peneiras, mediante jogo de peneiras de laboratório, com pesagens das partes retidas e vazadas.

Câmara de dupla aspiração: as máquinas de pré-limpeza, em geral, possuem apenas um ventilador, mas algumas máquinas de limpeza são dotadas de duas câmaras de aspiração num mesmo corpo (Figura 5.9). A câmara 1 elimina as impurezas leves logo que o produto entra na máquina. A câmara 2 aspira as impurezas leves após o produto ter se espalhado na cabeceira da peneira. Outras máquinas aspiram na saída do grão limpo, para remover contaminantes leves como pó e cascas miúdas.

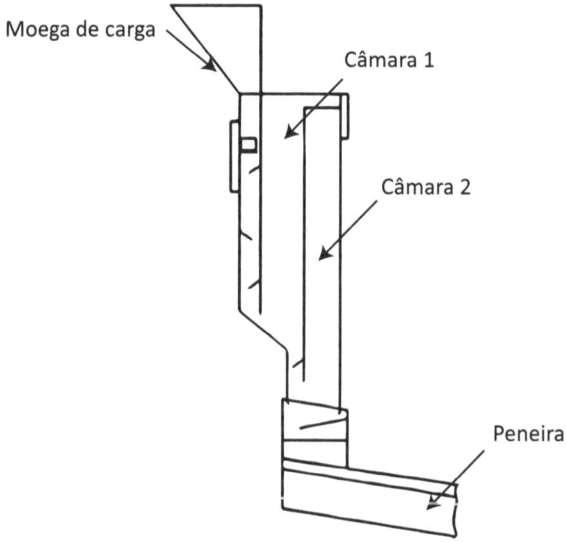

Figura 5.9 – Vista lateral de uma câmara de limpeza de dupla aspiração.

Fonte: Adaptação de ZACCARIA, 2020.

Regulagem da câmara de aspiração: os registros **C** e **D** (Figura 5.10) regulam a pressão de aspiração do exaustor. Abrindo-os a pressão diminui, e, consequentemente, aspira-se menos. Os registros **A** e **B** regulam a pressão das câmaras 1 e 2 em função da carga de trabalho: quanto maior o fluxo do produto, maior será a abertura dos registros A e B (tipo basculante).

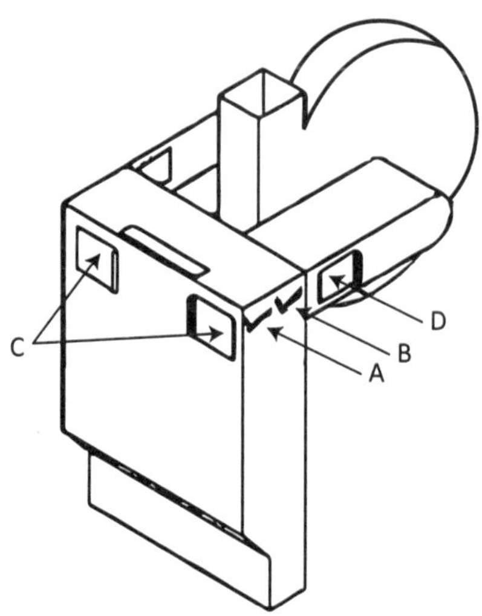

Figura 5.10 – Vista em três dimensões da câmara de aspiração.

Fonte: Adaptação de ZACCARIA, 2020.

A alimentação da moega de carga deve ser feita de maneira uniforme, de modo a permitir uma distribuição homogênea do produto em toda a câmara e a evitar o acúmulo do produto em um dos casos para não prejudicar a eficiência da separação. Antes de atingir as peneiras, o fluxo de grãos cai em um espalhador de grãos, que geralmente é um anteparo metálico que distribui o fluxo sobre toda a largura da peneira.

Peneiras: o fluxo do produto passa por duas peneiras, montadas sobrepostas. A peneira superior (1 na Figura 5.11), com furo oval de 4,7 × 10 mm, separa as impurezas maiores, como folhas, gravetos, torrões e pedras. Essas impurezas são descarregadas pela bica **E** (Figura 5.11). A peneira inferior (2 na Figura 5.11), com furo oblongo de 1,3 × 13 mm, separa as impurezas menores, como sementes miúdas (inço = *Echinochloa, anjiquinho*), terra etc. Essas impurezas são descarregadas pela bica **F**. O produto limpo é descarregado pela bica **J**.

As peneiras superior e inferior são montadas sobre quadros de madeira, que possuem em seu interior esferas de borracha, com a finalidade de limpar as peneiras. As esferas são suportadas por um fundo de chapa com furos de diâmetro de ¾", que transmitem o movimento oscilatório da peneira para as esferas. Estas, por sua vez, chocam-se contra o quadro de madeira e peneira, realizando assim a desobstrução dos furos.

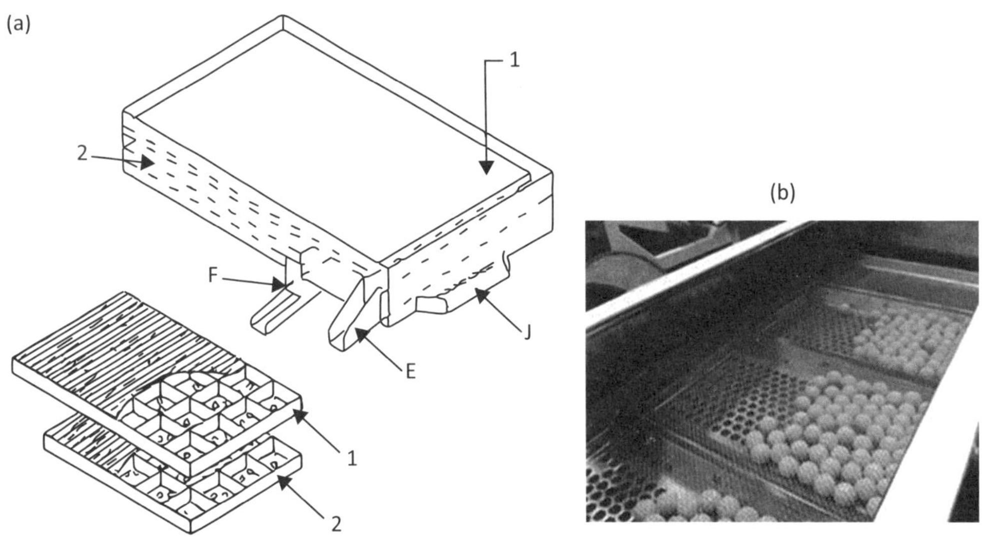

Figura 5.11 – Vista em corte das peneiras.

Fontes: a) Adaptação de ZACCARIA, 2020; b) Adaptação de SOLUÇÕES INDUSTRIAIS, 2023.

A máquina pode ter suas peneiras trocadas para limpar outros cereais, como milho, soja, café etc.

A limpadora também permite a instalação de peneira ondulada para a operação de eliminar as sementes de corriola em vagem (*Ipomoea grandifolia*). Com essa finalidade, a capacidade de produção da máquina passa a ser de até 2.100 $kg.h^{-1}$ de arroz em casca.

As principais dimensões das limpadoras podem ser encontradas nos catálogos comerciais das empresas.

Normalmente, são usados elevadores de caçambas para carga e descarga da MAP. Dependendo do projeto de instalação pode-se usar outro tipo de transporte.

Alguns fabricantes utilizam uma cobertura na máquina para realizar a captação de pó, o qual é aspirado e diretamente encaminhado para um sistema de captação.

5.2.2 LIMPEZA

Limpeza é a operação final, ou seja, após a secagem, limitando a quantidade de materiais indesejáveis em uma massa de grãos, a fim de propiciar condições adequadas de armazenamento, comercialização e beneficiamento.

A máquina exibida na Figura 5.12 é, em geral, utilizada após o produto passar pela secagem. A limpeza é mais criteriosa que a pré-limpeza, usando peneiras de furação mais próximas ao tamanho original do grão.

Essa máquina é caracterizada pela sua capacidade de limpeza (por exemplo, 7 $t.h^{-1}$ de arroz em casca) e pelo teor de umidade de entrada do produto de até 14% b.u. O produto entra na máquina com até 4% de impurezas e sai com até 1% de impurezas.

O teor de impurezas e de matérias estranhas do produto que antecede qualquer operação de limpeza ou pré-limpeza influencia o rendimento das máquinas.

O grão, ao entrar na máquina, deve ser distribuído uniformemente sobre as peneiras pelo distribuidor de fluxo e regulador de vazão por contrapesos.

Na máquina há um exaustor que logo na entrada do grão aspira parte das impurezas mais leves.

O produto passa pelas peneiras, onde as impurezas são separadas.

Como última etapa, o grão atravessa uma coluna de ar, com velocidade decrescente, regulada por registros, permitindo uma segunda separação das impurezas leves que não tenham sido aspiradas na primeira etapa.

O pó e a casca (impurezas leves) são levados pela corrente de ar até o ciclone. As demais impurezas que saem pelas bicas são ensacadas separadamente.

Cada conjunto de peneiras é selecionado para um determinado tipo de produto, portanto, devem ser trocadas sempre que for necessário.

A peneira superior é retirada facilmente e as inferiores são retiradas pela frente, removendo as porcas de fixação e puxando os quadros. Em projetos, deve-se considerar o espaço necessário para trocas de peneiras.

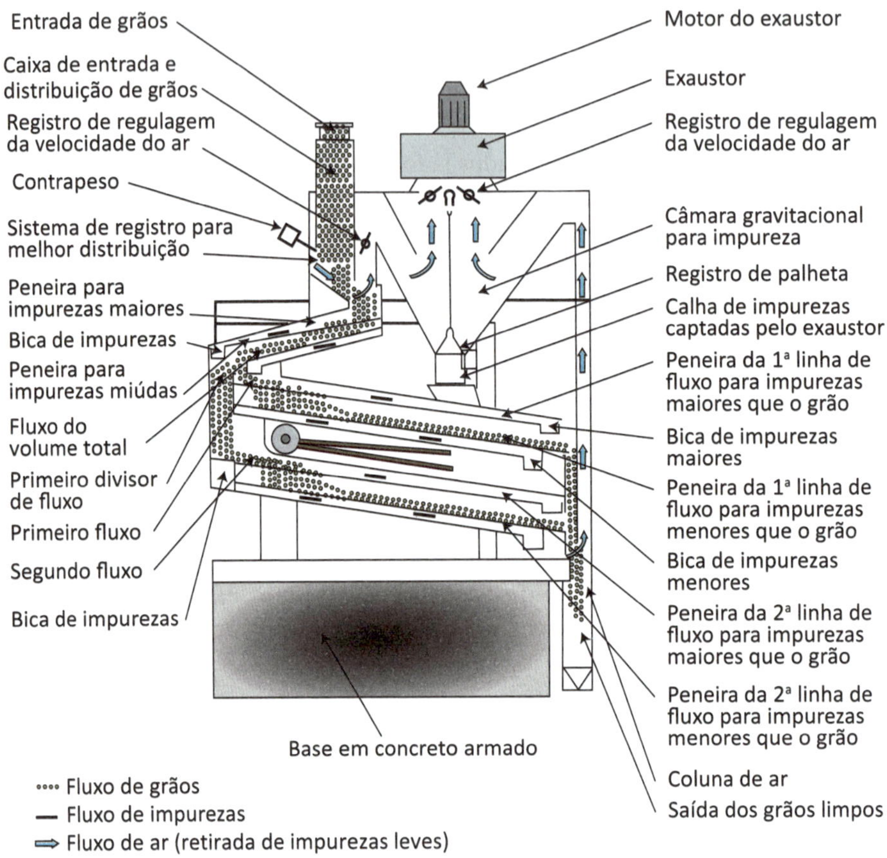

Figura 5.12 – Vista em corte do fluxo dentro de uma máquina de limpeza.

Fonte: Elaboração própria.

A operação de limpeza do arroz em casca antes de seu beneficiamento oferece as seguintes vantagens:

a) redução dos gastos com transporte;
b) aumento da durabilidade dos roletes dos descascadores;
c) redução dos desgastes dos brunidores (telas, breques);
d) redução da poluição do ambiente na área de beneficiamento;
e) aumento da vida útil de correias, roscas, caçambas etc.;
f) aumento da quantidade do produto, deixando-o livre de impurezas.

O arroz limpo é armazenado com mais facilidade, pois os espaços porosos da massa de grãos ficarão desobstruídos, facilitando a aeração, além de diminuir o risco de contaminações por pragas, que podem estar junto às sujidades.

5.3 BENEFICIAMENTO DO ARROZ PROPRIAMENTE DITO

Compreende as operações de descascamento até o empacotamento e expedição do produto acabado.

Quando os grãos a serem beneficiados já foram submetidos às operações de pré-armazenamento e foram armazenados ou não (pré-limpeza, secagem), deve ser feita a limpeza e a retificação de secagem se for necessário (se o teor de umidade for maior que 14%) antes da limpeza. A operação de limpeza reduz as impurezas e as matérias estranhas, que seriam consideradas defeitos graves na classificação. A operação realizada com o uso de máquinas de ar e peneiras geralmente é complementada em separadores de peneiras cilíndricas, peneiras corrugadas, mesas de gravidade, *trieurs*, calhas vibratórias, separadores magnéticos etc. Para grãos em condições de colheita, ou seja, que não sofreram pré-limpeza e secagem, tendo elevados teores de umidade e de impurezas, há a necessidade de serem submetidos às operações pré-industriais antes da limpeza.

Resumindo, pode-se dizer que após a pré-limpeza o arroz é secado e então é feita a limpeza e remoção de pedras, estas separadas em um separador densimétrico, mostrado mais adiante no item 5.3.3. Se o arroz for para a linha de processamento do branco polido, irá para o beneficiamento. Se for para a linha do parboilizado, irá para o encharcamento, autoclavagem e secagem e depois para o beneficiamento. A primeira operação do beneficiamento propriamente dito é o descascamento.

5.3.1 DESCASCAMENTO

O descascamento é efetuado em máquinas com sistema de rolos de borracha (ou duas pedras ou mistos) que giram em sentido contrário um ao outro. O arroz passa entre esses rolos por um pequeno espaçamento existente entre eles, sendo submetidos a um esforço de cisalhamento, que faz com que a casca se separe do grão. Os rolos pressionam e rompem a casca dos grãos, produzindo grãos esbramados, casca e grãos ainda com casca ("marinheiros") (Figuras 5.13 a 5.18).

A casca é removida por corrente forçada de ar, enquanto os grãos esbramados são separados dos marinheiros, em separadores baseados na diferença de massa específica. Essa operação é realizada em equipamento subsequente na linha de processamento. A massa específica do arroz aumenta com o descascamento, sendo os grãos descascados de maior massa específica do que os marinheiros. Estes voltam ao descascador quantas vezes forem necessárias para ser descascados, desde que seja economicamente viável. Podem também ser direcionados a outro descascador com regulagem mais justa.

A regulagem do descascador deve ser tal que a distância entre os rolos não seja justa demais, para não haver quebra excessiva de grãos, nem folgada demais, para não haver excesso de "marinheiros", com redução do rendimento da operação. As dimensões dos grãos são função genética e podem ser influenciadas por fatores climáticos e edafológicos. A regulagem deve considerar também o fluxo de alimentação e a velocidade de descascamento. Uma vez esbramado, o grão pode ser comercializado como "arroz integral" ou ser posteriormente submetido ao brunimento.

Para o descascamento, os grãos são conduzidos a uma câmara acima dos dois roletes de borracha, que tem um regulador de fluxo.

No processo, há grande desgaste dos roletes, os quais devem ser trocados com frequência, a cada quatrocentos a quinhentos sacos de arroz beneficiado, para manter a eficiência do descascamento. Os roletes são confeccionados em borracha com núcleo de aço. Existem diferentes tipos de roletes de borracha disponíveis no mercado, conforme o tipo de borracha e sua durabilidade.

Os descascadores podem ter ajuste manual de roletes, ajuste automático e podem estar acoplados a uma câmara de aspiração de casca e pó em circuito fechado.

O princípio de funcionamento do equipamento, portanto, baseia-se na diferença de rotação aliada a uma pressão radial sobre os roletes, que produz um esforço de cisalhamento sobre os grãos, provocando o rompimento da casca e, consequentemente, desprendendo-a do grão.

O efeito da rotação dos roletes imprime velocidade aos grãos, arremessando-os em direção ao conduto de saída da máquina.

Em resumo, pressão e cisalhamento são duas ações mecânicas necessárias à obtenção do descascamento do grão de arroz.

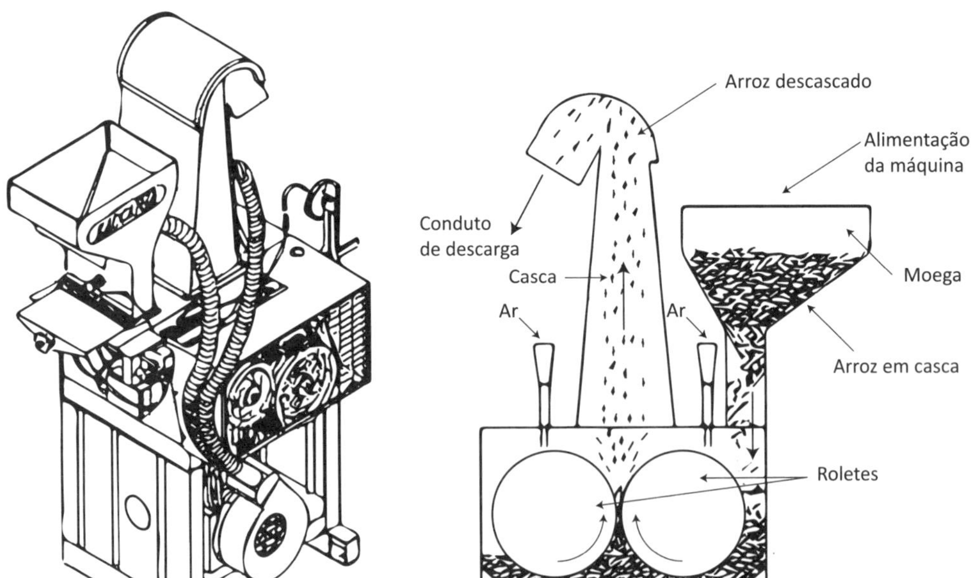

Figura 5.13 – Vista de um descascador e seu princípio de funcionamento.

Fonte: Adaptação de ZACCARIA, 2020.

Pressão: a pressão de descascamento é obtida por um sistema mecânico, com acionamento manual ou pneumático, que provoca o deslocamento de um dos roletes de borracha contra o outro, pressionando a superfície de borracha contra o grão de arroz, como mostra a Figura 5.14.

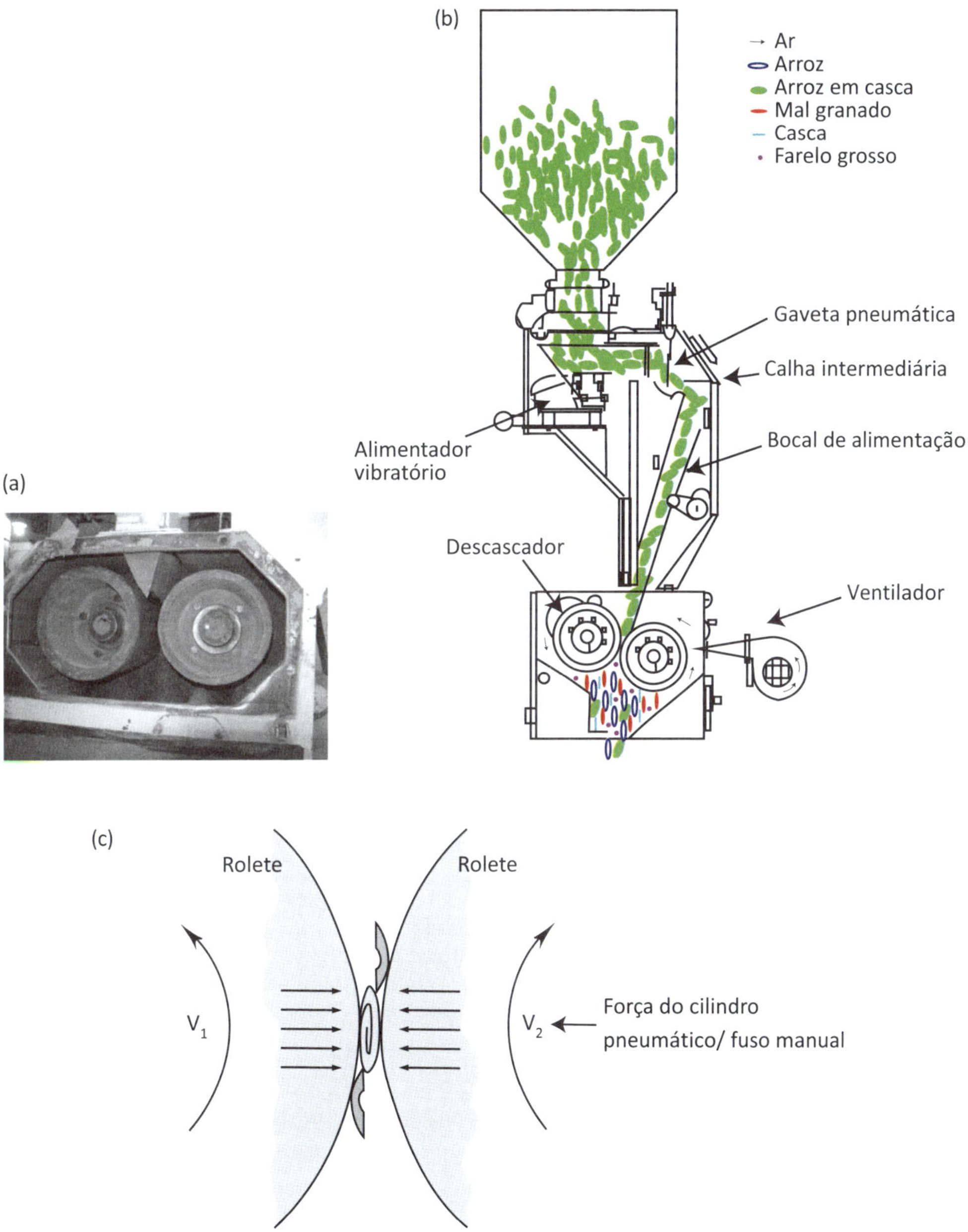

Figura 5.14 – Vista lateral do princípio de descascamento de um grão de arroz.

Fontes: a) Adaptação de LUZ, C. A. S. da, 2011; b) e c) Adaptação de ZACCARIA, 2020.

Cisalhamento: é obtido pela diferença de rotação (velocidade periférica) entre os roletes, conforme mostra a Figura 5.15.

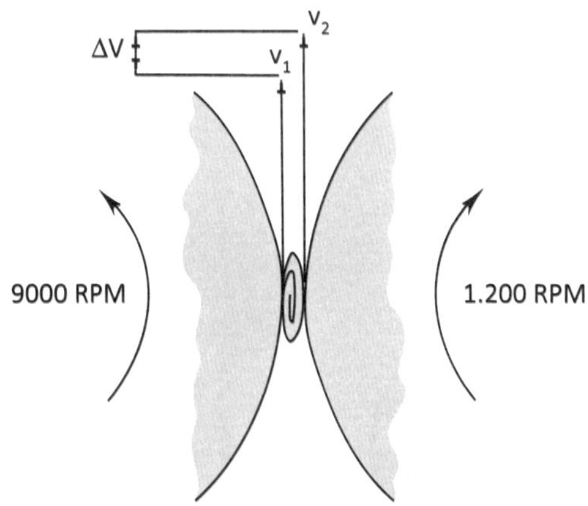

Figura 5.15 – Vista lateral do princípio físico que leva o grão a ser descascado entre os roletes.

Fonte: Adaptação de ZACCARIA, 2020.

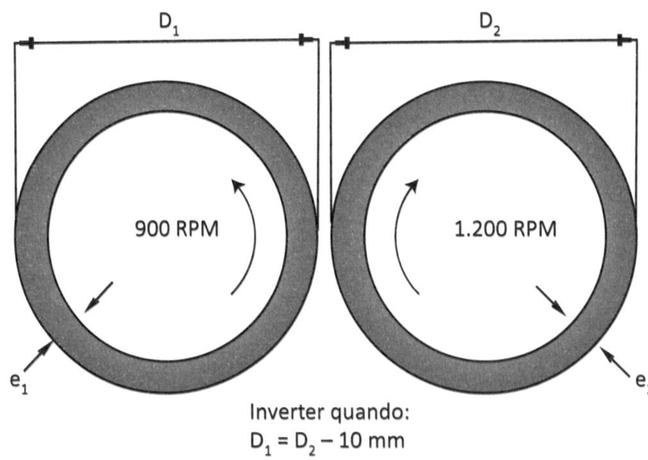

Figura 5.16 – Vista frontal dos roletes.

Fonte: Adaptação de ZACCARIA, 2020.

Pode-se imaginar equivocadamente que a derrapagem será recuperada apertando-se mais os roletes, um contra o outro, desconhecendo-se o fato comprovado de que esse procedimento irá apenas aumentar o percentual de quebra do arroz, além de danificar vários componentes mecânicos do descascador e, consequentemente, gastar mais roletes.

Roletes de borracha: os roletes de borracha são fabricados em um composto químico com mais de quinze produtos diferentes, os quais são dosados e misturados em uma máquina chamada Bambury, para obter a massa de borracha que será laminada e vulcanizada.

Todo esse processo segue rígidos padrões de qualidade, desde a matéria-prima recebida até o produto final, monitorados em laboratório com equipamentos de última geração.

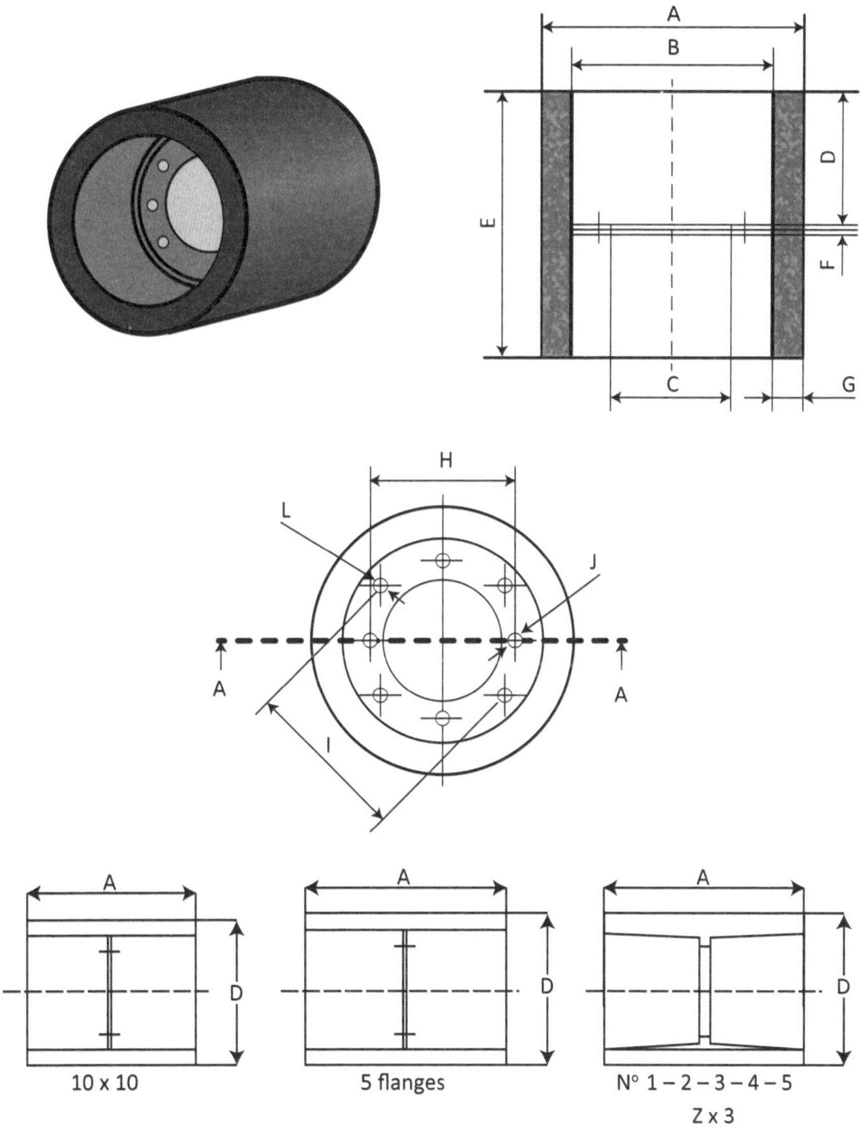

Figura 5.17 – Vistas de vários tipos de roletes.

Fonte: Adaptação de ZACCARIA, 2020.

Tabela 5.1 – Especificações técnicas para diferentes tipos de roletes

Roletes	Dimensões (mm)										
	A	B	C	D	E	F	G	H	I	J	L
Nº 05 flange*	270±1,0	203,00	122 +0,15/+0,05	150	300±1,0	4 +0,30/-0,00	33,50±1,0	150±1,0	156±1,0	4x15	4x18
Nº 05 flange**	270±1,0	195,70	122 +0,15/+0,05	150	300±1,0	6 +0,30/+0,00	37,15±1,0	150±1,0	156±1,0	4x15	4x18
10"x10"	254±1,0	197,20	116 +0,15/+0,05	127	254±1,0	4 +0,30/+0,00	28,40±1,0	142±1,0	-	4x13,7	-
6"x8 3/4"	222±1,0	175,00	114 +0,15/+0,05	76	152,4±1,0	4 +0,30/+0,00	23,50±1,0	139±1,0	-	3x12	-

(*) marrom e vermelho (**) bege

Fonte: Adaptação de ZACCARIA, 2020.

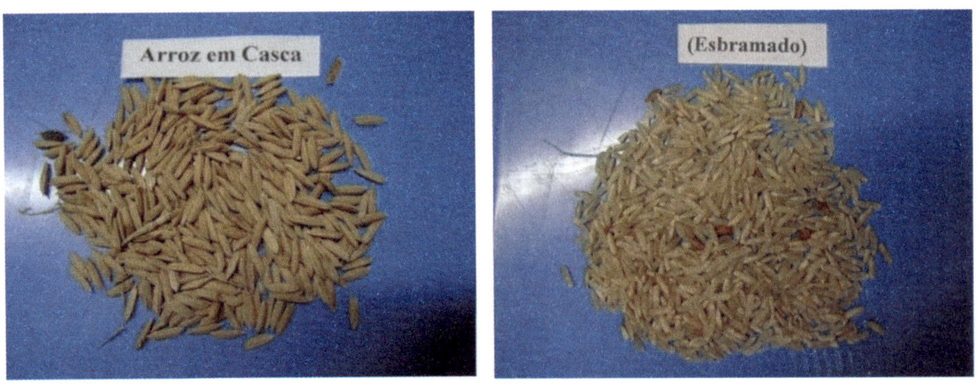

Figura 5.18 – Arroz em casca e arroz esbramado (integral).

Fonte: Adaptação de LUZ, C. A. S. da, 2011.

Em alguns engenhos, o repasse dos "marinheiros" é feito em um descascador com pedras. Esse tipo de descascador consiste em duas pedras cilíndricas que giram em sentidos contrários, e entre elas passa o grão a ser descascado. Nesse equipamento o grão é descascado ou quebra. Na saída, o grão é separado da casca, voltando à máquina de ar (separador de casca).

5.3.2 SEPARAÇÃO DE CASCAS

O grão é separado da casca por uma máquina que insufla ar no produto que saiu do descascador, fazendo a casca flutuar e ser retirada do meio dos grãos. A regulagem correta dessa máquina vai permitir uma separação eficiente, pois, se o fluxo de ar for muito intenso, o grão esbramado será levado junto com a casca. Se o fluxo for fraco, restará muita casca no produto.

A Figura 5.19 mostra uma montagem do separador de cascas colocado abaixo do descascador, de forma que sua alimentação se liga à saída do descascador.

O princípio de funcionamento do separador de cascas leva em consideração o tamanho e o peso das partículas a serem separadas.

O circuito fechado faz a separação do produto subdividindo-o em quatro fases distintas: farelo grosso, arroz integral, recuperação (arroz malgranado, chocho, quirera, gessado) e casca, conforme mostra a Figura 5.19.

Com uma peneira através da qual o produto passa inicialmente é feita a separação do farelo grosso, retirando-o da mistura. Após esse processo, o produto entra em queda livre, enfrentando uma corrente de ar no sentido inverso, produzida por um ventilador, arrastando as cascas para uma nova câmara, de onde serão retiradas por uma rosca transportadora, enquanto o arroz integral continua em queda livre até atingir a rosca transportadora, que o removerá do equipamento. O arroz malgranado é arrastado junto com a casca, mas, devido ao seu maior peso, ele não consegue acompanhá-la e cai em outra câmara, pela saída da recuperação, de onde será retirado através de uma rosca transportadora.

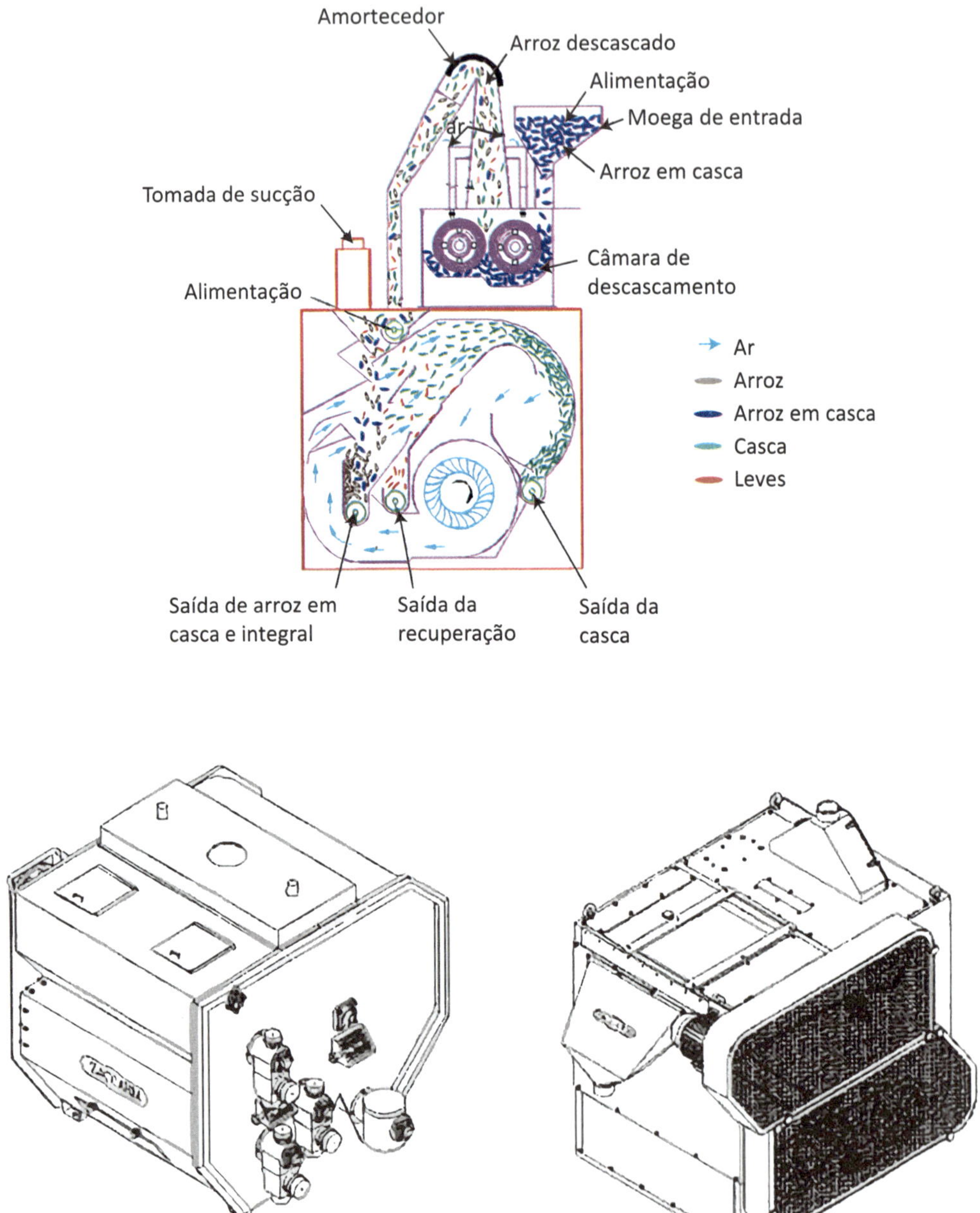

Figura 5.19 – Vistas em corte do descascador e do separador de cascas e vistas em três dimensões do separador de cascas.

Fonte: Adaptação de ZACCARIA, 2020.

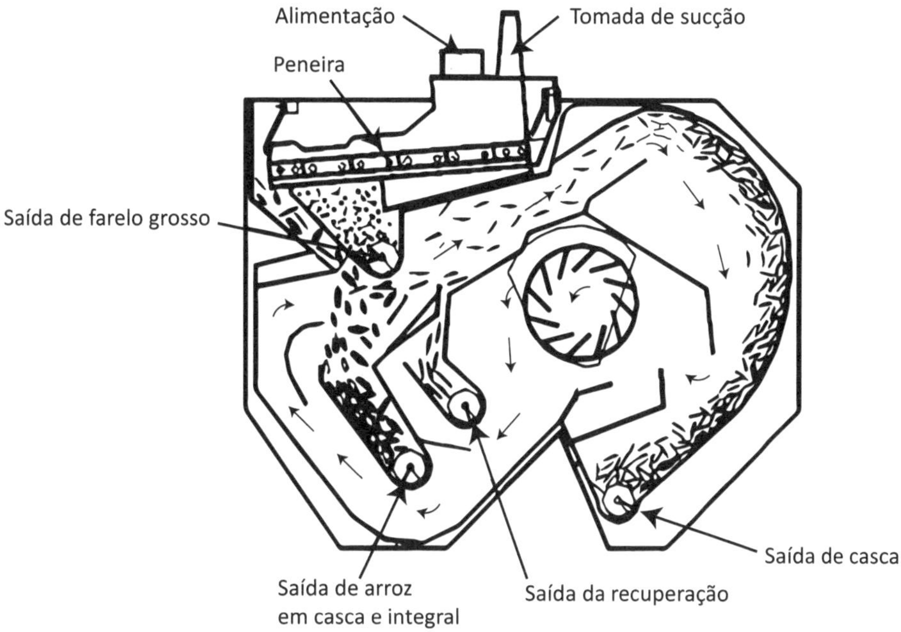

Figura 5.20 – Vista em corte lateral mostrando o fluxo no interior do separador de cascas.

Fonte: Adaptação de ZACCARIA, 2020.

A renda ou rendimento do benefício (IN n.º 6/2009, BRASIL, 2009a) é calculada como o percentual de arroz descascado em relação ao arroz em casca da amostra original. O rendimento de engenho é calculado como porcentagem em peso dos grãos inteiros e dos grãos quebrados em relação à amostra original de arroz em casca. O rendimento é determinado no arroz polido e separado no *trieur*, de forma que se calculam os rendimentos de inteiros e de quebrados separadamente.

Partindo de dados fictícios para exemplificar essas operações:

100 g arroz com casca →
- 20% casca
- 80% grãos integrais →
  - 10% farelo
  - 70% grãos polidos →
    - 65% grãos inteiros
    - 5% grãos quebrados + quirera

As fórmulas para determinação da renda e do rendimento de engenho são apresentadas a seguir, com base no exemplo numérico anterior.

$$\textbf{Renda} = \frac{\textbf{\% peso inteiros integrais} + \textbf{\% peso quebrados integrais}}{\textbf{peso total do grão em casca}} = \frac{\textbf{80 g}}{\textbf{100 g}} = \textbf{80\%}$$

$$\textbf{Rendimento do benefício} = \frac{\textbf{\% peso(inteiros + quebrados) polidos}}{\textbf{peso total do grão em casca}} = \frac{\textbf{70 g}}{\textbf{100 g}} = \textbf{70\%}$$

$$\textbf{Rendimento de grãos inteiros} = \frac{\textbf{\% grãos inteiros polidos}}{\textbf{peso total do grão em casca}} = \frac{\textbf{65 g}}{\textbf{100 g}} = \textbf{65\%}$$

$$\textbf{Rendimento de grãos quebrados} = \frac{\textbf{\% grãos quebrados polidos}}{\textbf{peso total do grão em casca}} = \frac{\textbf{5 g}}{\textbf{100 g}} = \textbf{5\%}$$

Observa-se que é chamado de peso o que na verdade é massa (g). Porém, como está assim na IN n.º 6/2009 (BRASIL, 2009a), essa nomenclatura foi mantida.

Arquivo de áudio 7

Questionário 7

5.3.3 SEPARAÇÃO DE PEDRAS

O separador de pedras é um separador densimétrico (mesa de gravidade) cuja finalidade é separar os elementos mais pesados contidos no processo de beneficiamento do arroz ou de outros tipos de cereais, como trigo, centeio, cevada etc.

No processo de beneficiamento de arroz, o separador pode trabalhar tanto com o arroz em casca como com o arroz integral ou beneficiado.

Alguns engenhos de arroz possuem mesas de gravidade para seleção e classificação do arroz. São equipamentos caros e difíceis de regular, e a maioria dos engenhos não os utiliza, preferindo usar peneiras. Trata-se de uma mesa inclinada, vibratória, com fluxo de ar de baixo para cima, que separa os grãos por peso ou separa também grãos de impurezas por diferença de densidade. É o único equipamento que consegue separar pedregulhos de mesmo tamanho e mesma cor que o grão de arroz, por exemplo. A remoção de pedras deve ser realizada antes do descascamento para não danificar os roletes. Como a separação de pedras é realizada antes do brunimento, os pedregulhos não danificarão as pedras (esmeris) dos brunidores. A remoção também pode ser feita no final do processo, após a seleção por cor, para garantir que não haverá pedra no arroz empacotado.

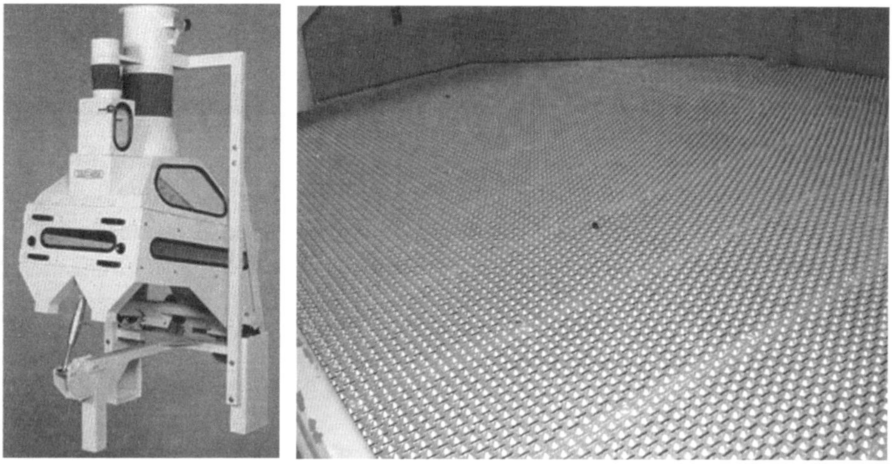

(a) (b)

Figura 5.21 – Vista em três dimensões de um separador de pedras e detalhe dos alvéolos da mesa densimétrica de separação.

Fontes: a) Adaptação de ZACCARIA, 2020; b) Adaptação de LUZ, C. A. S. da, 2011.

A mesa densimétrica (Figura 5.22) pode separar grãos de impurezas/matérias estranhas (restos de cultura, sementes ou grãos partidos, sementes de invasoras etc.) e também sementes de um mesmo cultivar, quando esse equipamento é utilizado em uma Unidade de Beneficiamento de Sementes. Esta última apresenta uma estreita relação com a qualidade fisiológica das sementes. Sementes de menor densidade tendem a apresentar menor qualidade fisiológica.

Figura 5.22 – Vistas da descarga de mesas densimétricas.

Fonte: Adaptação de PESKE, 2020.

O princípio de funcionamento de um separador densimétrico, conforme comentando anteriormente, baseia-se na diferença de densidade para separar materiais leves e pesados, combinada com a vibração, a inclinação e o fluxo de ar. O ar estratifica os materiais, enquanto a vibração e a inclinação conduzem os materiais para diferentes saídas do equipamento.

As características do separador densimétrico são indicadas a seguir:

Diferença de densidade: se produtos de densidades diferentes forem colocados em uma superfície plana, e se for provocado um movimento oscilatório nessa superfície, esses produtos irão se separar em camadas, sendo que o mais pesado se depositará na camada inferior, enquanto o mais leve na camada superior, fazendo uma estratificação dos elementos, conforme a Figura 5.23.

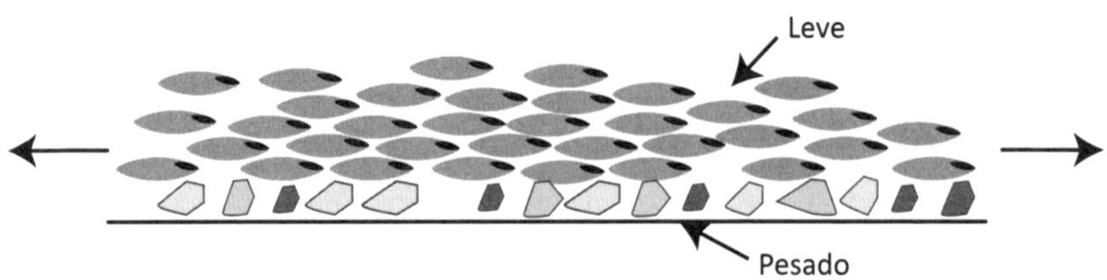

Figura 5.23 – Diferença de densidade do arroz e da pedra.

Fonte: Adaptação de ZACCARIA, 2020.

Movimento frequente do plano: o equipamento possui motovibradores que produzem um movimento inclinado (diagonal) em relação à superfície da tela, fazendo com que o produto em contato com a superfície acompanhe o sentido de movimento gerado pelos motovibradores, conforme a Figura 5.24.

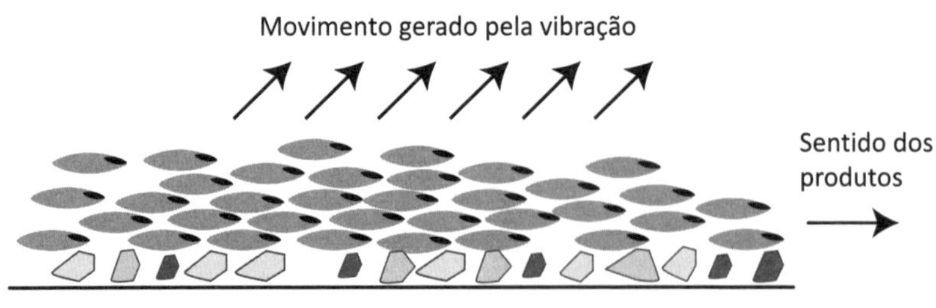

Figura 5.24 – Tendência do movimento gerado pelos motovibradores.

Fonte: Adaptação de ZACCARIA, 2020.

Inclinação da superfície plana: quando ocorre uma inclinação da superfície plana, a tendência é de que os produtos desçam, acompanhando a direção fornecida pela inclinação, conforme a Figura 5.25.

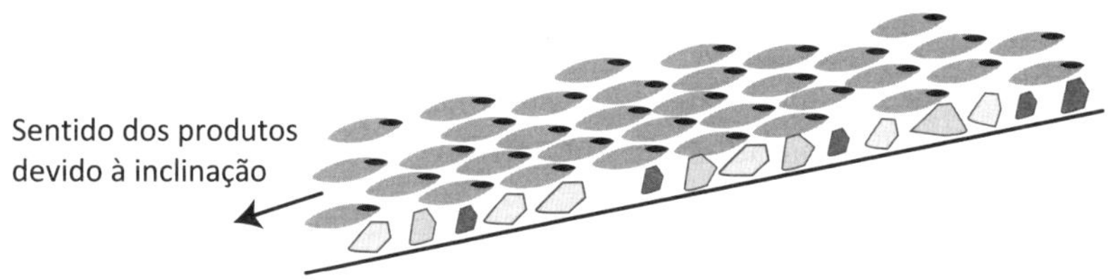

Figura 5.25 – Tendência de direção do produto devido à inclinação da mesa.

Fonte: Adaptação de ZACCARIA, 2020.

Movimento dos motovibradores combinado com a inclinação da superfície: ainda que a tendência dos produtos seja descer devido à inclinação, os motovibradores fornecem um movimento que faz com que os produtos subam. Nessa combinação o movimento de maior valor é o dos motovibradores, levando os produtos a subirem, conforme a Figura 5.26.

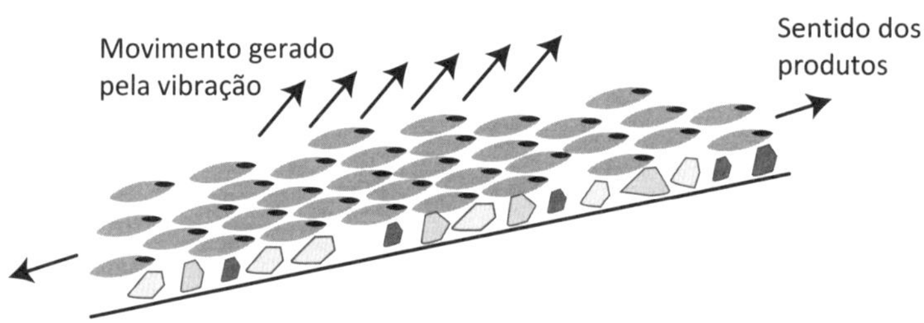

Figura 5.26 – Movimento do produto causado pelos motovibradores, aliados à inclinação da mesa.

Fonte: Adaptação de ZACCARIA, 2020.

Fluxo de ar: o fluxo de ar faz com que o produto mais leve flutue e o mais pesado fique em contato com a superfície de tela, acompanhando o mesmo sentido de movimento gerado pelos motovibradores até ser descarregado na saída das impurezas, conforme a Figura 5.27.

A mesa densimétrica é um dos equipamentos com maior tecnologia e complexidade dentro das operações de beneficiamento, necessitando que seus operadores tenham um treinamento específico para que regulem a máquina e ela realize o processo com eficiência.

Em muitos casos, esse equipamento é colocado no início da linha de beneficiamento, ou seja, logo após a MAP (máquina de ar e peneiras) e antes mesmo de os grãos passarem por peneiras de classificação ou dos cilindros separadores. No entanto, isso pode ser um equívoco de planejamento, pois, se houver variabilidade de tamanho entre grãos, impurezas e matérias estranhas, a mesa densimétrica não vai agir com a eficiência necessária para separar grãos de baixa densidade, os quais impactam significativamente a qualidade do lote.

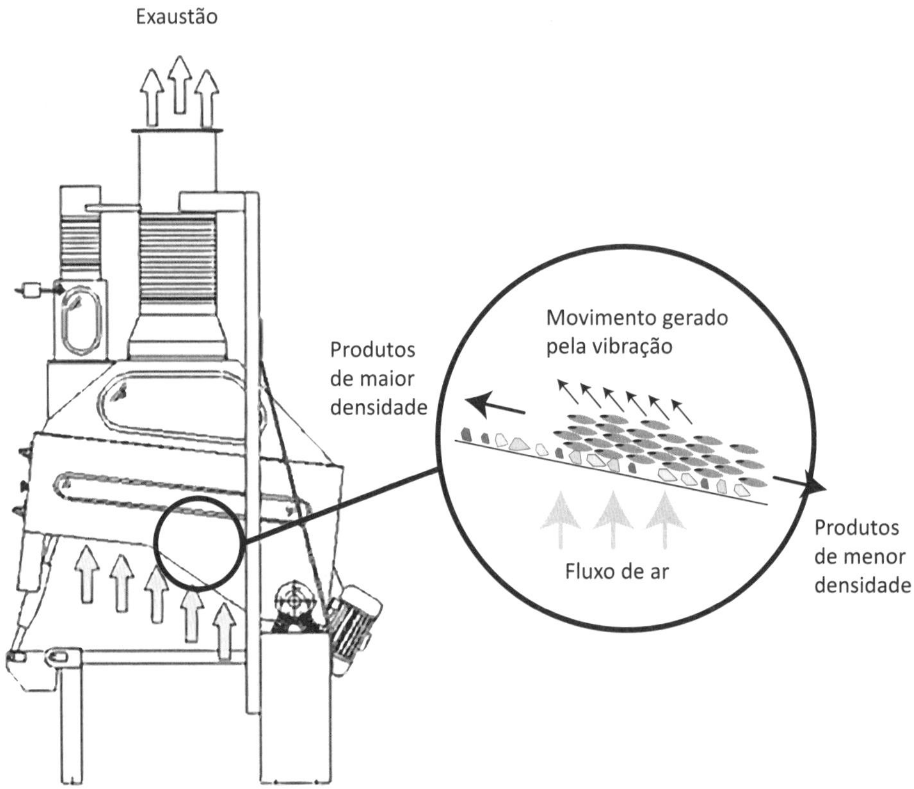

Figura 5.27 – Vista frontal e detalhe em corte de uma mesa vibratória.

Fonte: Adaptação de ZACCARIA, 2020.

Portanto, caso haja diferenças físicas além da densidade, não será possível proporcionar a regulagem adequada à mesa de gravidade para realizar uma separação eficiente. Essas regulagens envolvem a vazão e a velocidade do ar, as inclinações lateral e terminal da mesa, o fluxo de grãos, a vibração e a descarga. Por isso, recomenda-se que haja uma mesa densimétrica no final da linha de beneficiamento, pelos benefícios de limpeza e de melhoria da qualidade do lote.

Em sementes de arroz, trigo e milho há melhoria nas qualidades física e fisiológica do lote.

Há vários tipos de mesas densimétricas no mercado, como retangulares, triangulares, automatizadas, com cobertura de tecido, de malha de arame, chapa perfurada, com coletor de pó, entre outras. Alguns modelos não precisam ser fortemente fixados ao piso, podendo ser instalados no segundo ou terceiro pisos da Unidade de Beneficiamento. Entretanto, todas as mesas densimétricas utilizam ar para estratificar as camadas de grãos leves e pesadas e precisam de vibração e de inclinação para efetuar a separação das porções.

Uma das maneiras mais práticas e rápidas de aferir a regulagem e a eficiência da mesa densimétrica é coletar um volume determinado de grãos separados em cada bica de descarga e então pesar essas porções (Figura 5.28). A diferença de peso de cada amostra de mesmo volume deve, na maioria das vezes, apresentar uma variação mínima de 5% entre os grãos mais pesados e os materiais mais leves. Os grãos são coletados, e a amostra é uniformizada e nivelada antes de ser pesada. Se a separação tiver o objetivo de separar pedras, o material mais pesado é descartado e o mais leve é selecionado; se o objetivo for selecionar sementes, as mais pesadas compõem a porção selecionada e as mais leves, a descartada.

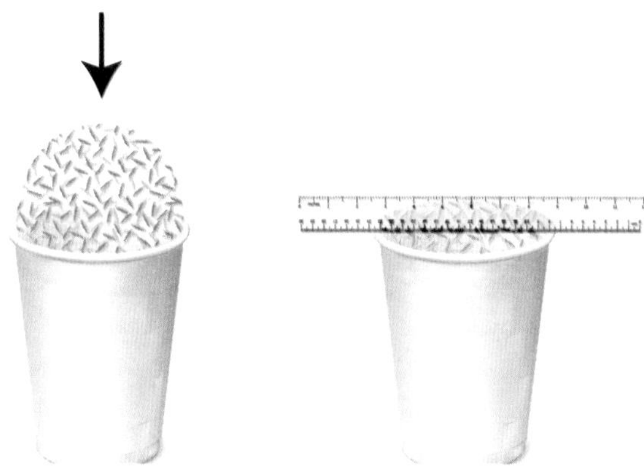

Figura 5.28 – Teste do copinho ou da caneca de 350 mL.

Fonte: Elaboração própria.

Para sementes de arroz essa diferença deve ser de 7%, pois o arroz pode apresentar sementes não completamente "cheias", apresentando maior variabilidade de densidade. Porém o descarte de grãos bons em uma mesa densimétrica varia entre 5% e 7%, mesmo que o equipamento esteja bem regulado.

5.3.4 SEPARAÇÃO DE MARINHEIROS

Este é também um separador por massa específica (densidade) usado para separar os "marinheiros" dos grãos descascados. O princípio de funcionamento do separador de marinheiros alveolado leva em consideração a diferença de tamanho dos grãos de arroz e a diferença de densidade entre os grãos com casca e sem casca (integral). O grão descascado é mais denso que o grão com casca, e por essa característica são separados (Figura 5.29).

A máquina é constituída de uma caixa retangular fechada, cuja superfície fica coberta por grãos integrais (esbramados) e grãos com casca (marinheiros), com várias seções metálicas internas em zigue-zague. Possui movimento vibratório, que faz o grão ir se encaminhando para as seções e ser separado. Uma calha coleta o grão e outra os “marinheiros”. Estes últimos poderão voltar ao descascador ou ir para outro equipamento que promove um descascamento mais rígido. A porção de mistura volta para a caixa alimentadora do separador de marinheiros.

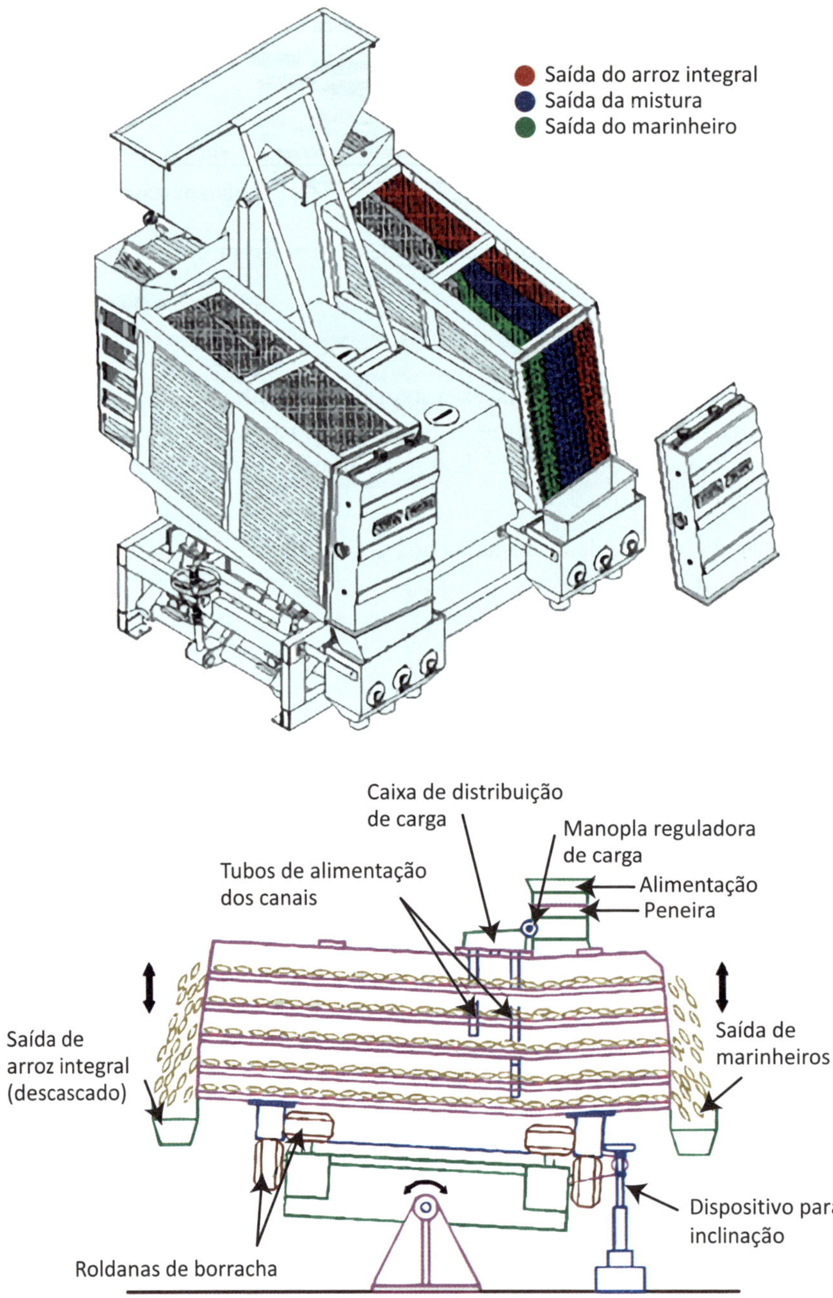

Figura 5.29 – Vista tridimensional e detalhes de um separador de marinheiros.

Fonte: Adaptação de ZACCARIA, 2020.

O movimento alternado faz com que o marinheiro, por diferença de densidade, dirija-se às camadas superiores, separando as duas fases, marinheiro e integral, conforme indicado na Figura 5.30.

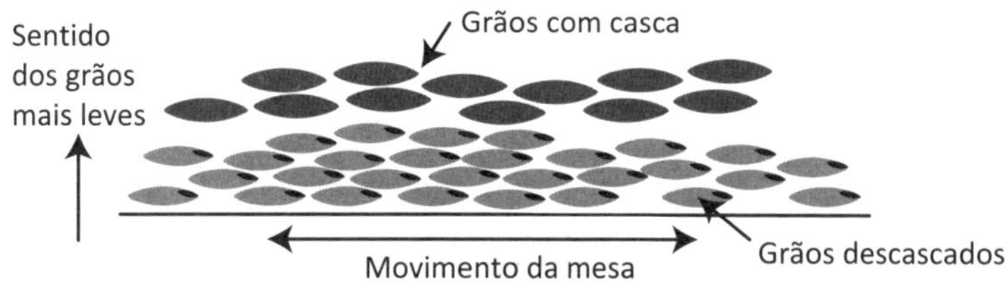

Figura 5.30 – Vista em corte do movimento de uma bandeja de um separador de marinheiros.

Fonte: Adaptação de ZACCARIA, 2020.

Para que a separação das duas fases, integral e marinheiro, ocorra em direções contrárias, inclina-se a superfície da mesa, conforme mostra o ângulo α na Figura 5.31. Uma vez inclinada, existe a tendência de que as duas fases tomem a mesma direção, conforme indicado na Figura 5.30.

Para mudar a direção de deslocamento dos grãos integrais, para que tomem o sentido contrário ao dos marinheiros, utiliza-se uma mesa com superfície alveolada, conforme a Vista A da Figura 5.31, que apresenta a conformação dos alvéolos em vista superior. Entende-se por alvéolos as cavidades com uma geometria definida, cuja função é facilitar a expulsão do grão nela contido.

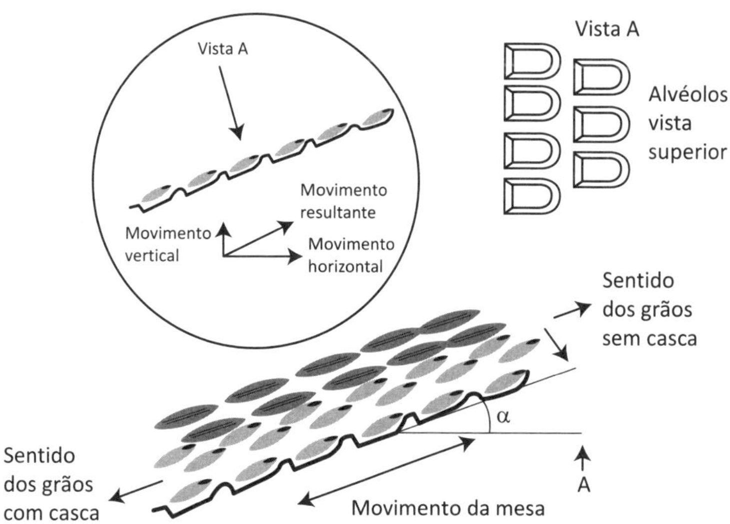

Figura 5.31 – Vista em corte do movimento de uma bandeja de um separador de marinheiros, aliado à inclinação e movimento da bandeja e formato dos alvéolos.

Fonte: Adaptação de ZACCARIA, 2020.

A geometria do alvéolo, combinada ao sentido de movimento da mesa, faz com que os grãos integrais, perfeitamente alojados no interior dos alvéolos, recebam um impulso, deslocando-se e ocupando os alvéolos seguintes, como se estivessem subindo uma escada (Figura 5.31) para um lado. Já os marinheiros, que não cabem nos alvéolos por serem maiores, vão deslizando em sentido contrário na mesa.

A inclinação da mesa é ajustável conforme a necessidade, sendo que, quanto maior a inclinação, maior será a velocidade dos grãos marinheiros e menor a dos grãos integrais, e vice-versa.

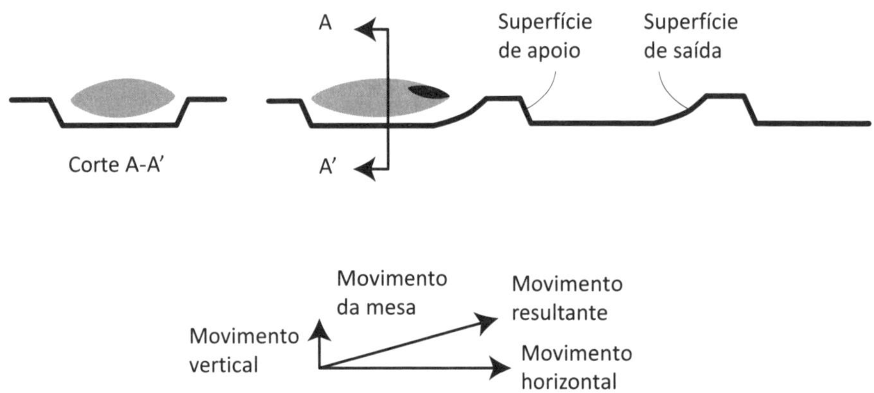

Figura 5.32 – Detalhe da geometria dos alvéolos e do princípio físico envolvido na separação dos marinheiros.

Fonte: Adaptação de ZACCARIA, 2020.

É importante salientar que o tamanho do alvéolo é de vital importância para que se obtenha uma separação o mais perfeita possível, pois os marinheiros, por terem um tamanho maior que o grão descascado, não se encaixam perfeitamente no interior do alvéolo. Logo, o efeito do alvéolo devido ao movimento da mesa sobre os marinheiros será menor do que sobre os integrais, como mostra a Figura 5.33.

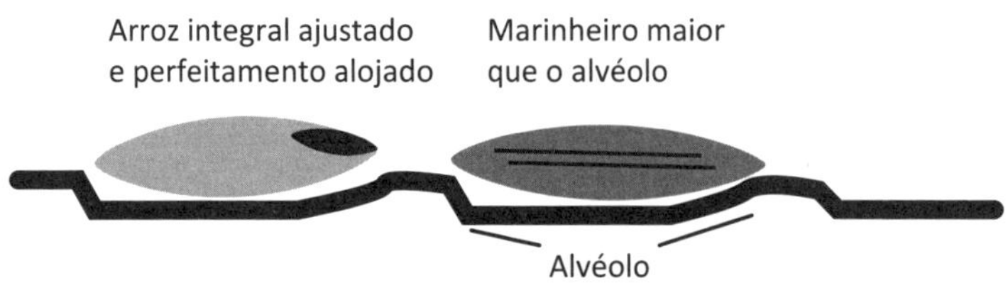

Figura 5.33 – Detalhe da forma como o arroz descascado e o marinheiro se depositam no alvéolo.

Fonte: Adaptação de ZACCARIA, 2020.

5.3.5 BRUNIMENTO

A operação de brunimento é um polimento que o grão de arroz sofre, porém, na literatura específica de beneficiamento de arroz faz-se uma diferença entre os termos brunimento e polimento. O brunimento antecede o polimento, como será visto a seguir.

O brunimento do arroz é realizado por abrasão, por meio do contato dos grãos contra uma superfície áspera em movimento. O polimento do arroz, uma operação posterior ao brunimento, de acabamento, ocorre quando os grãos são atritados uns contra os outros, ao mesmo tempo que o arroz é submetido a uma leve pressão. Em alguns equipamentos há uma microaspersão de água, que será explorada no item 5.3.6.

Uma vez que o arroz esbramado encontra-se livre das cascas (pálea e lema), deverá passar pelo brunidor para retirada do embrião e da película externa escura (tegumento) e ficar branco, mantendo sua forma original. A película e o embrião, somados a alguma porção de endosperma amiláceo retirado, constituem o farelo.

Os brunidores são equipamentos compostos de uma peça em forma de cone truncado ou em forma cilíndrica. Podem ser horizontais ou verticais.

A pedra do brunidor gira em torno do eixo central, dentro de um recipiente metálico, perfurado (para passar o farelo). A operação se dá entre a borracha dos apoios (breques) e a pedra. O farelo é removido por rosca sem-fim na parte inferior do equipamento.

Em brunidores verticais, movimenta-se a pedra para baixo, diminuindo a distância entre as peças, o que constitui a regulagem. O movimento oposto aumenta a distância. Quanto menor a distância, maior será o grau de brunimento no tempo, mas com maior quebra comparado a um distanciamento maior. O grão a ser brunido passa entre a pedra e a borracha, sofrendo a remoção das camadas periféricas e do embrião, que constituem o farelo, restando o arroz branco comum. O arroz pode passar por uma série de brunidores até atingir o grau de brunimento desejado. Essas passadas são chamadas de passes de brunimento (três ou quatro), o último dos quais pode funcionar como polidor ou o arroz pode passar por um polidor (por microaspersão de água) e por um brilhador, no final do beneficiamento.

O grau de brunimento é dado em relação à quantidade de farelo removida do grão. Em geral, há quatro graus de brunimento: bem brunido, razoavelmente bem brunido, levemente brunido e não brunido. Não há, porém, uma definição precisa desses termos. Assim, o grau de brunimento é comumente determinado por inspeção visual ou por meio de aparelhos ópticos chamados de branquímetro ou medidor de brancura (Figura 5.34). Alguns equipamentos medem também o grau de translucidez do produto. A maioria dos consumidores prefere arroz bem brunido, devido à sua maior brancura. Entretanto, para obter um arroz bem brunido, o rendimento de engenho diminui, com a consequente perda de valor comercial.

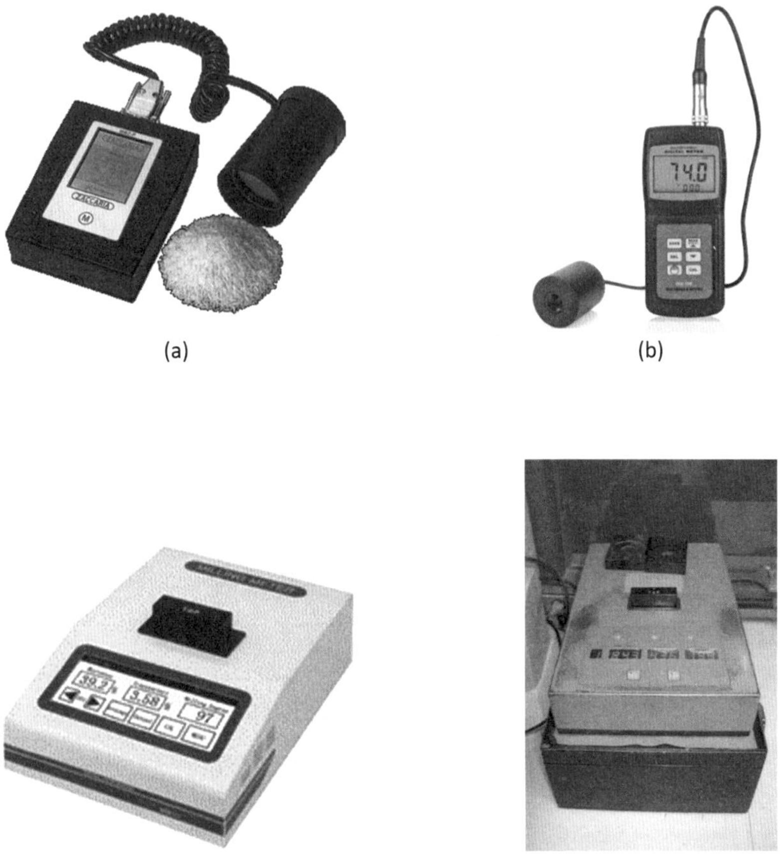

(a) (b) (c) (d)

Figura 5.34 – Exemplos de medidores de brancura do arroz.

Fontes: a) Adaptação de ZACCARIA, 2020; b) Adaptação de IMPAC, 2022; c) Adaptação de VENTISEC, 2023; d) Adaptação de LUZ, C. A. S. da, 2011.

Arquivo de áudio 8

Questionário 8

O brunimento é uma das etapas de beneficiamento do arroz que tem grande importância sobre o rendimento de engenho, pois, se o aperto das pedras não for bem regulado, causa grande quantidade de quebras. Em contrapartida, um aumento de 1% ou 2% no rendimento de engenho pode aumentar muito o lucro do empreendedor, considerando que grandes quantidades de grãos estão envolvidas no processo.

Vários fatores contribuem para a quebra do arroz durante o brunimento, entre os quais fissuras ocorridas antes da colheita, secagem muito rápida, grãos imaturos, grãos gessados, desuniformidade na distribuição da umidade nos grãos.

Uma estratégia usada na prática para diminuir a quebra é manter na massa de grãos a serem brunidos porções de grãos quebrados e quirera. Esse uso prático, verificado experimentalmente, constatou que houve diminuição da quebra. Em tese, os espaços vazios entre os grãos inteiros são preenchidos pelos quebrados, e os espaços vazios entre os quebrados são preenchidos pela quirera, aumentando, assim, o suporte mecânico e a resistência à quebra durante o processo de brunimento. Após o processo, há um incremento do farelo, já que essas porções menores de grãos acabam sendo trituradas e passam através da peneira do brunidor.

A durabilidade aproximada da pedra do brunidor é de cerca de 280 a 320 sacos de arroz beneficiado, podendo ocorrer variações dependendo do tipo de produto, umidade do grão, grau de impurezas e regulagem da máquina. Já a durabilidade dos breques é de aproximadamente 100 a 120 sacos, nas mesmas condições.

5.3.5.1 Brunidor de esmeril horizontal

Os grãos de arroz são direcionados à câmara de brunimento através de uma rosca transportadora, localizada na entrada do brunidor, abaixo da moega de entrada.

O brunimento ocorre devido à fricção do arroz com a superfície abrasiva (pedra), do arroz com a tela e do arroz com arroz. A pedra (esmeril) pode ser cilíndrica ou cônica.

O grau de brunimento é dado por ação de quatro breques de aço, colocados longitudinalmente, que se aproximam ou se afastam simultaneamente em relação à pedra, promovendo maior ou menor brunimento. A Figura 5.35 mostra detalhes desse equipamento.

Os resíduos do brunimento, conhecidos como farelo, são extraídos através das telas por um sistema de sucção, formado por ventilador e ciclone.

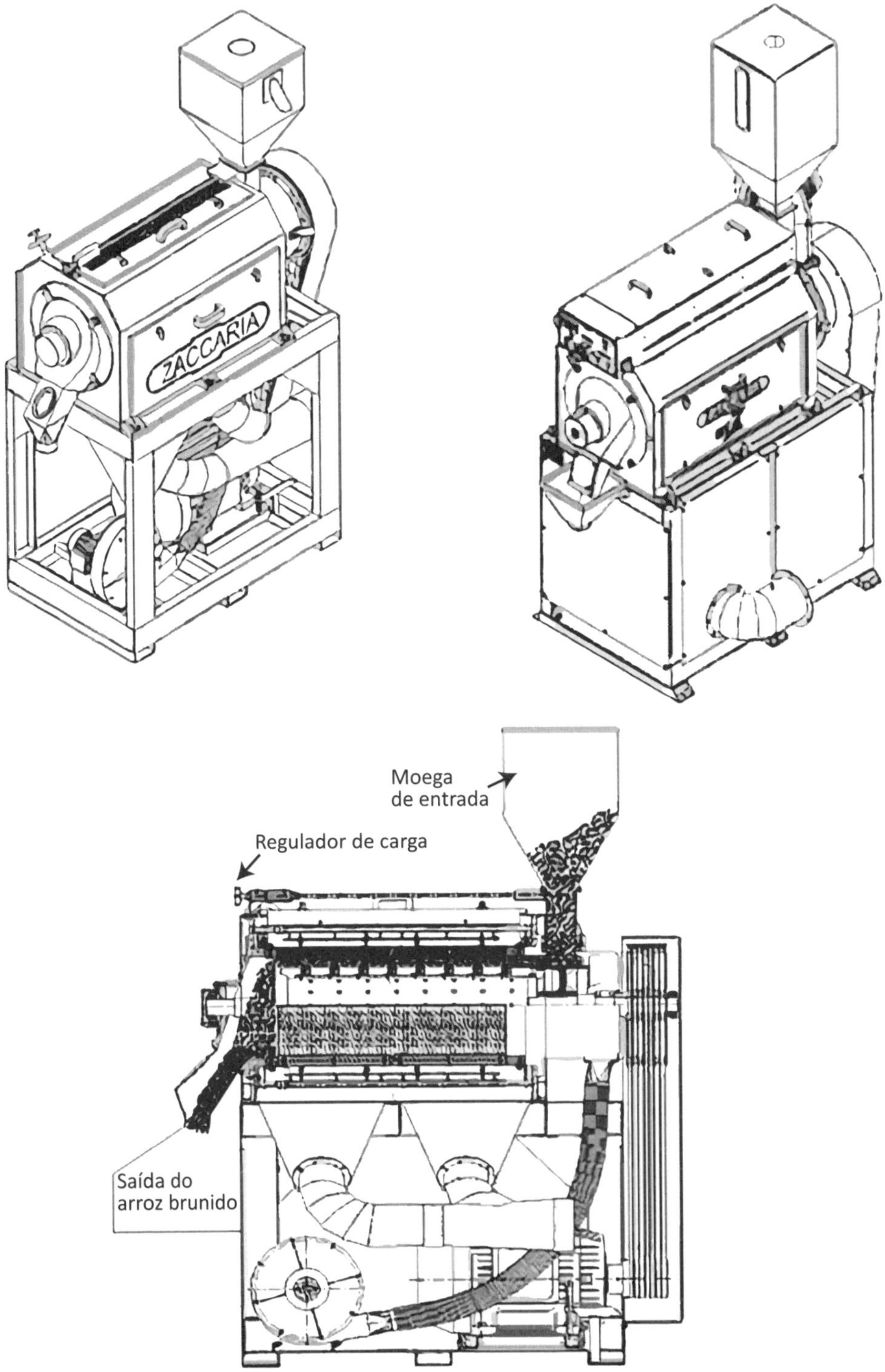

Figura 5.35 – Vista em três dimensões e em corte de um brunidor horizontal.

Fonte: Adaptação de ZACCARIA, 2020.

5.3.5.2 Brunidor de esmeril vertical

Os grãos entram na câmara de brunimento num fluxo descendente, por meio de uma rosca de alimentação. Ao entrar em contato com uma superfície abrasiva cilíndrica ou cônica que gira, perdem parte do tegumento e do embrião.

Quatro breques metálicos longitudinais com borrachas são responsáveis pelo efeito de frenagem, garantindo a velocidade dos grãos em relação à superfície abrasiva (pedra) e o efeito de posicionamento, que permite que os grãos girem em torno do eixo do brunidor, possibilitando um contato lateral que resulta num baixo despontamento de grãos.

O grau de brunimento no brunidor é controlado pelos breques metálicos e também pela ação de uma válvula portinhola que restringe a saída do fluxo de arroz do equipamento, permitindo um contato por maior ou menor tempo do arroz com a pedra.

Os resíduos do brunimento também são extraídos por um sistema de sucção, composto de ciclone e ventilador.

Um brunidor funciona com um motor de 4 polos, com potência de 25 a 75 cv, dependendo do modelo, cuja capacidade pode variar de 1.000 a 7.200 kg.h^{-1} de arroz. Para seu funcionamento, precisa de um sistema de sucção e de ar, por exemplo, de 30 m^3.min^{-1} a -90 mmCA (coluna d'água).

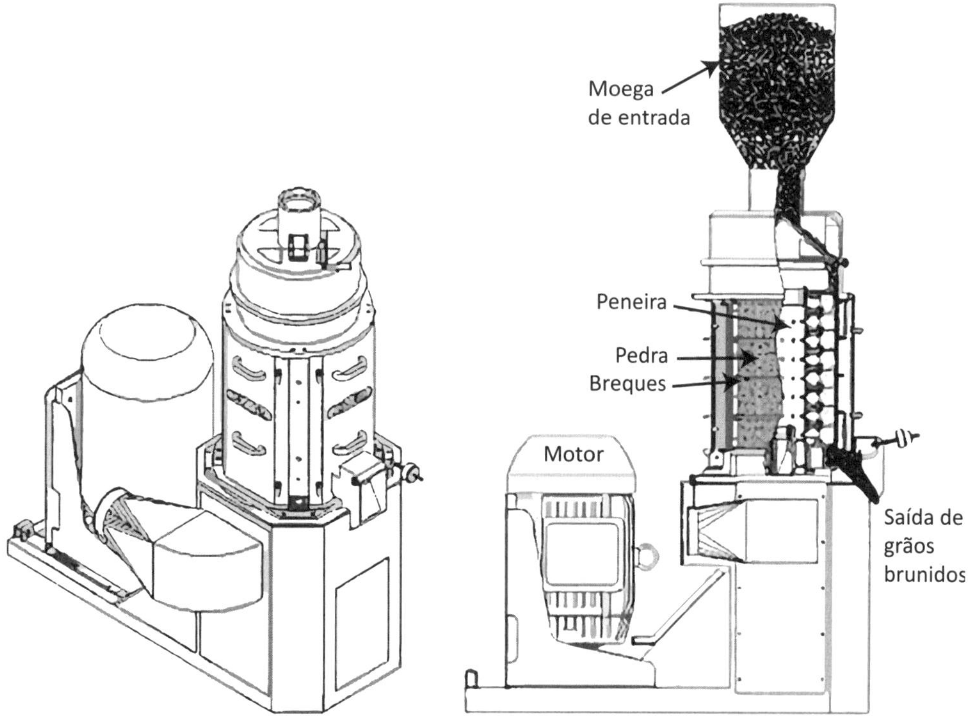

Figura 5.36 – Vista em três dimensões e em corte de um brunidor vertical.

Fonte: Adaptação de ZACCARIA, 2020.

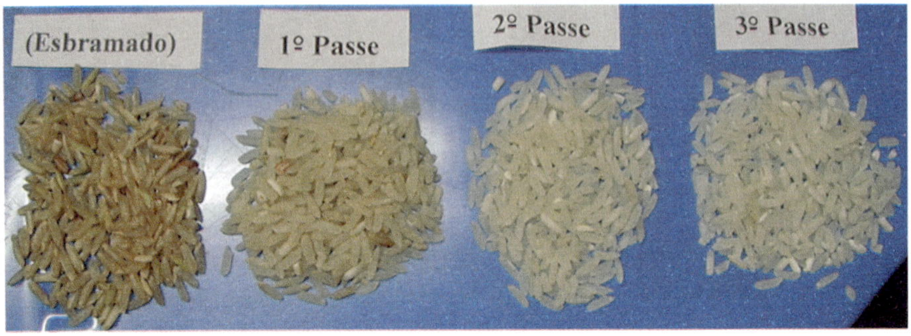

Figura 5.37 – Arroz sendo brunido nos vários passes pelos brunidores.

Fonte: Adaptação de LUZ, C. A. S. da, 2011.

(a)

(b)

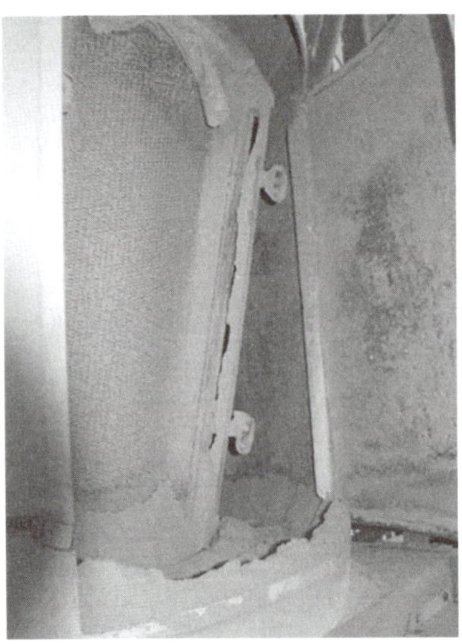

(c)

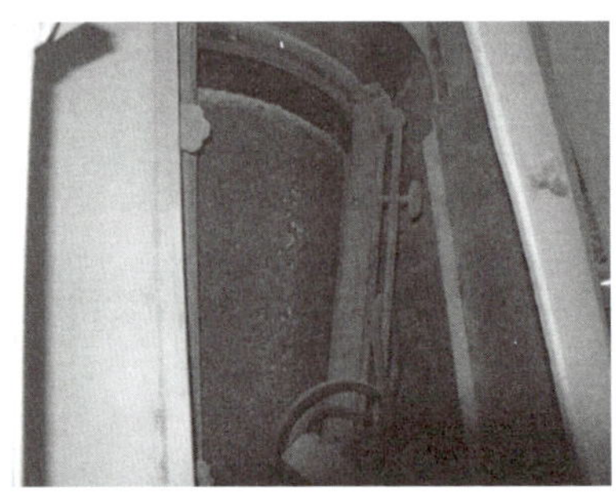

Figura 5.38 – Vista de um brunidor vertical aberto. (*continua*)

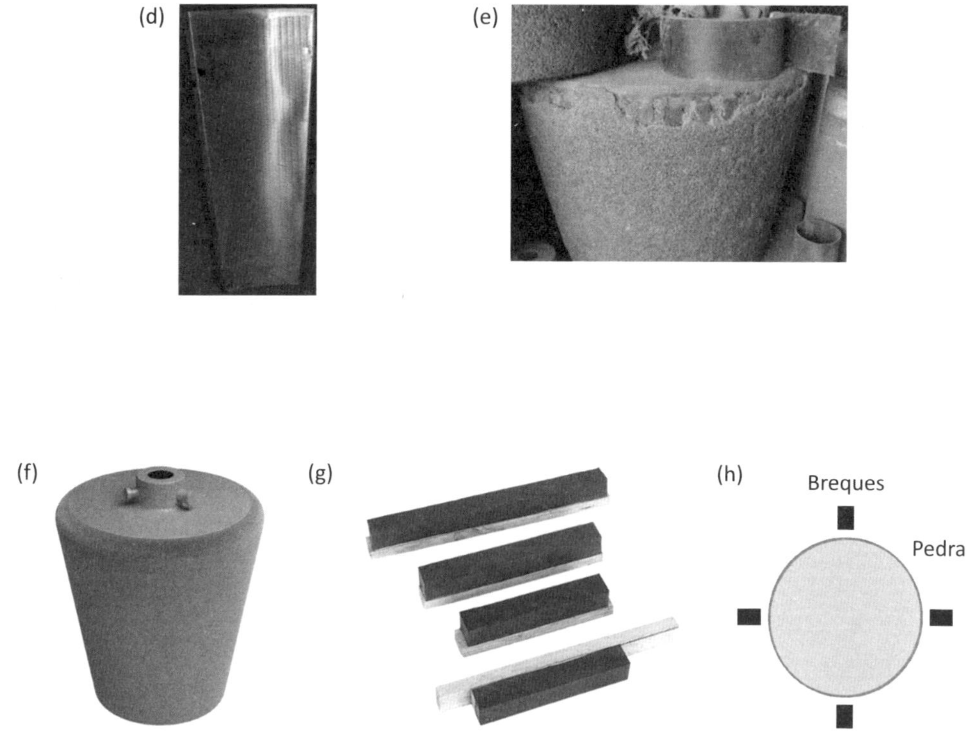

Figura 5.38 – Vista de um brunidor vertical aberto (*continuação*) (a), mostrando a peneira (b), os breques e a pedra (c); uma parte da peneira (d); uma pedra desgastada (e); pedra nova (f); breques (g); vista superior da pedra e dos breques (h).

Fontes: a) a e) Adaptação de LUZ, C. A. S. da, 2011; f) Adaptação de CASTILHO MÁQ. BRASIL, 2018; g) Adaptação de LIMERBOR, 2018; h) Adaptação de ZACCARIA, 2020.

5.3.6 POLIMENTO COM MICROASPERSÃO DE ÁGUA

Os polidores que utilizam água têm por finalidade promover o acabamento do grão de arroz, após o processo de brunimento, dando melhor aparência ao produto final.

Além de melhorar o aspecto visual, o processo retira o farelo aderido à superfície que se deteriora devido à oxidação do óleo nele contido e também absorve umidade, proporcionando assim um meio para o desenvolvimento de microrganismos.

O arroz é direcionado à camada de polimento por uma rosca localizada na entrada do equipamento, abaixo da moega de entrada.

A câmara de polimento é composta por um núcleo, com geometria desenvolvida para provocar pressão entre os grãos de arroz em um meio com umidade controlada, promovendo a remoção do farelo fino sem ferir os grãos, obtendo-se excelente acabamento superficial, com aspecto vítreo, sem riscos e sem pó.

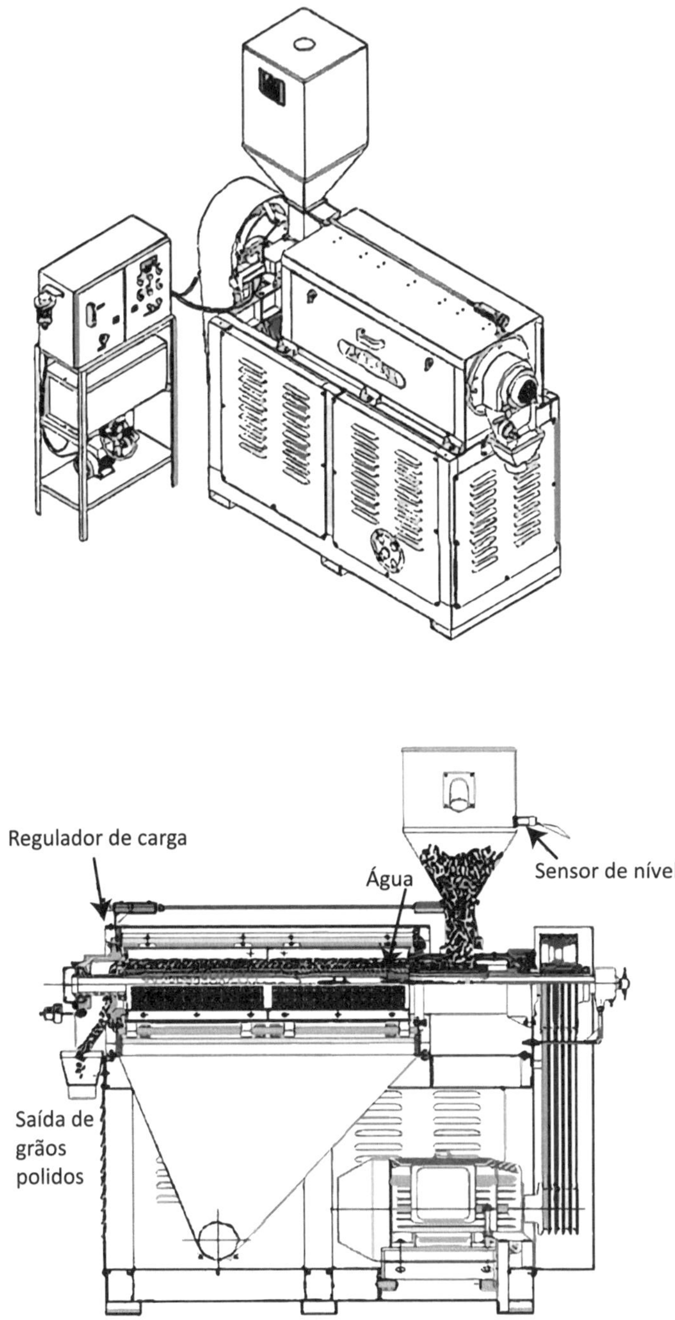

Figura 5.39 – Vista em três dimensões e em corte de um polidor a água.

Fonte: Adaptação de ZACCARIA, 2020.

Esse tipo de equipamento requer cerca de 50 $L.h^{-1}$ de água e também 150 $L.min^{-1}$ de ar.

Divisor de fluxo do polidor a água: a umidificação deve ocorrer logo que o produto entra na câmara de polimento, devendo ser mantida em uma faixa de 0% a 40% do comprimento do núcleo.

Não é recomendado trabalhar acima dessa faixa, pois o arroz pode não ter tempo suficiente para secar.

O divisor de fluxo é regulado na fábrica com a faixa de umidificação em 40%, sendo que os 60% restantes são para a secagem. Essa faixa, porém, deve ser ajustada conforme a necessidade de polimento e acabamento desejados.

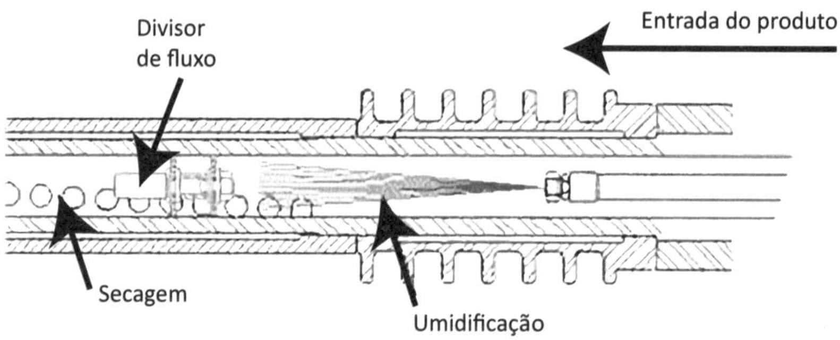

Figura 5.40 – Detalhe em corte do pino regulador do sistema de microaspersão de água.

Fonte: Adaptação de ZACCARIA, 2020.

Rodízio de telas: como o desgaste das telas não é uniforme, é necessário fazer um rodízio entre elas a cada mil horas de operação, a fim de aumentar sua vida útil. Esse desgaste ocorre pelo atrito do arroz contra a superfície do equipamento.

O rodízio deve ser feito de maneira que as quatro telas se desgastem por igual, sendo necessário alternar o sistema 1 com o sistema 2, como indicado na Figura 5.41.

Para controlar as funções de polimento, alguns polidores são equipados com controle eletropneumático que monitora a amperagem do motor, o sistema de corte de fluxo, a injeção de água, além de proteção contra sobrecargas.

Algumas unidades instalam um resfriador após o brunimento ou polimento, para o arroz perder calor antes de passar aos processos de seleção e classificação. Alguns engenhos dispõem de um equipamento denominado branquímetro ou medidor de brancura, que avalia o grau de brunimento/polimento do arroz para avaliar o produto nessa fase.

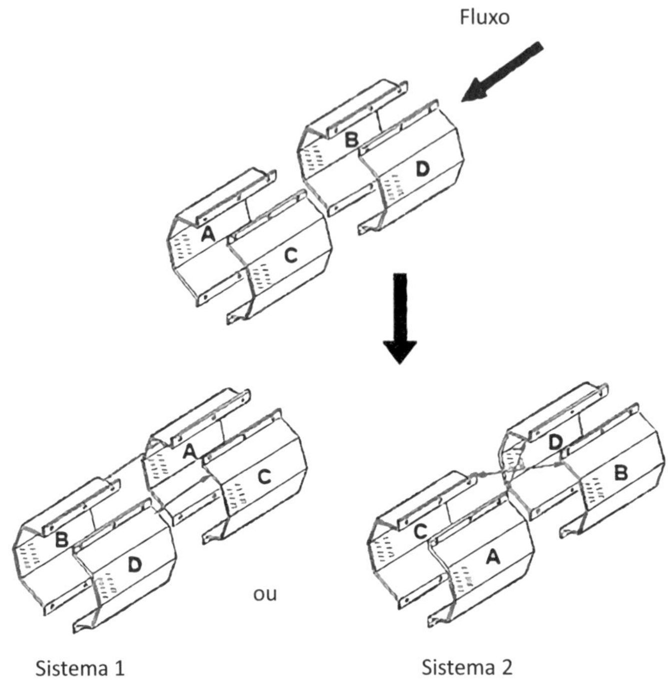

Figura 5.41 – Detalhe dos possíveis rodízios de telas.

Fonte: Adaptação de ZACCARIA, 2020.

5.3.7 CLASSIFICAÇÃO

Após o brunimento e o polimento, o arroz sofre a separação dos fragmentos e a classificação para remover defeitos e com isso se enquadrar na legislação (IN n.º 6/2009), melhorar o tipo comercial e consequentemente aumentar o preço na comercialização. Para separar os fragmentos são utilizadas peneiras, mesas de gravidade (densimétricas), *trieurs*, uma vez que, além dos fragmentos, devem ser separados materiais estranhos que não foram separados na limpeza, como sementes de invasoras do arroz. As peneiras utilizadas são de furo redondo, planas ou cilíndricas para remoção da quirera e de eventuais impurezas pequenas. Também é feita a separação por cor.

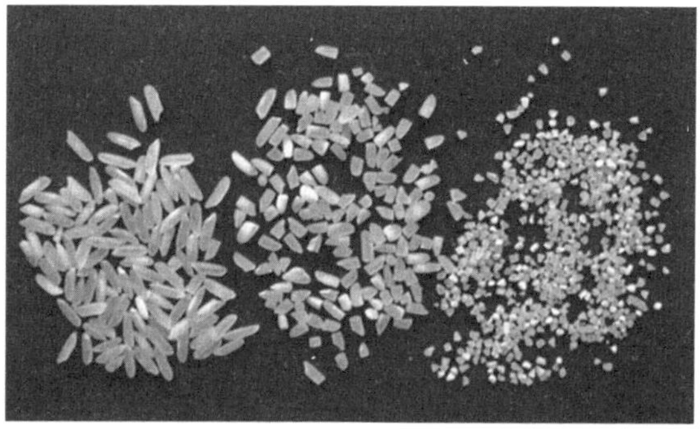

Figura 5.42 – Grãos inteiros, quebrados e quirera.

Fonte: Adaptação de LUZ, C. A. S. da, 2011.

A classificação obedece à legislação quanto ao tipo (1 a 5), cuja qualidade diminui com o aumento do número. São considerados inteiros os grãos com comprimento mínimo igual ao da classe a que pertencem e os fragmentos com comprimentos até ¾ partes do comprimento mínimo dessa classe. Os fragmentos menores do que ¾ do comprimento são os quebrados. Os quebrados grandes, conhecidos na linguagem de engenho como canjicão, têm tamanhos entre ¾ e ½ do grão inteiro. Os quebrados médios, conhecidos como canjica, ficam retidos em peneiras de malha circular com 1,6 mm de diâmetro. Os quebrados pequenos ou quirera são os fragmentos que vazarem na peneira de 1,6 mm de diâmetro. A legislação não particulariza quebrados grandes, médios e pequenos, somente quebrados e quirera. Os termos canjicão e canjica referem-se ao milho e não ao arroz e não devem ser utilizados em textos científicos.

Figura 5.43 – Porções de arroz quebrado: quebrados grandes e quebrados pequenos.

Fonte: Adaptação de LUZ, C. A. S. da, 2011.

5.3.7.1 Defeitos do arroz branco

São considerados defeitos do arroz branco polido, expressos em porcentagem de peso, conforme o tipo, matérias estranhas e impurezas; grãos mofados e ardidos; grãos picados ou manchados, grãos gessados e verdes; grãos rajados e grãos amarelos. Também, conforme o tipo, são admitidos percentuais de quebrados e quirera e máximo de quirera, além de no máximo 10 grãos marinheiros por quilo, segundo a legislação vigente (IN n.º 6/2009).

Os significados dos defeitos do arroz foram comentados no item 4.8. Poucas diferenças existem entre os defeitos do arroz parboilizado e os do arroz branco polido. Uma delas é o arroz amarelo, que para o branco é considerado defeito. O arroz chamado de barriga branca (centro branco opaco) não é considerado defeito pela legislação, mas, como altera a aparência final do produto, muitos engenhos separam esses grãos, em especial no arroz tipo 1, para atingir um público mais exigente, embora esse "defeito" desapareça no cozimento do arroz.

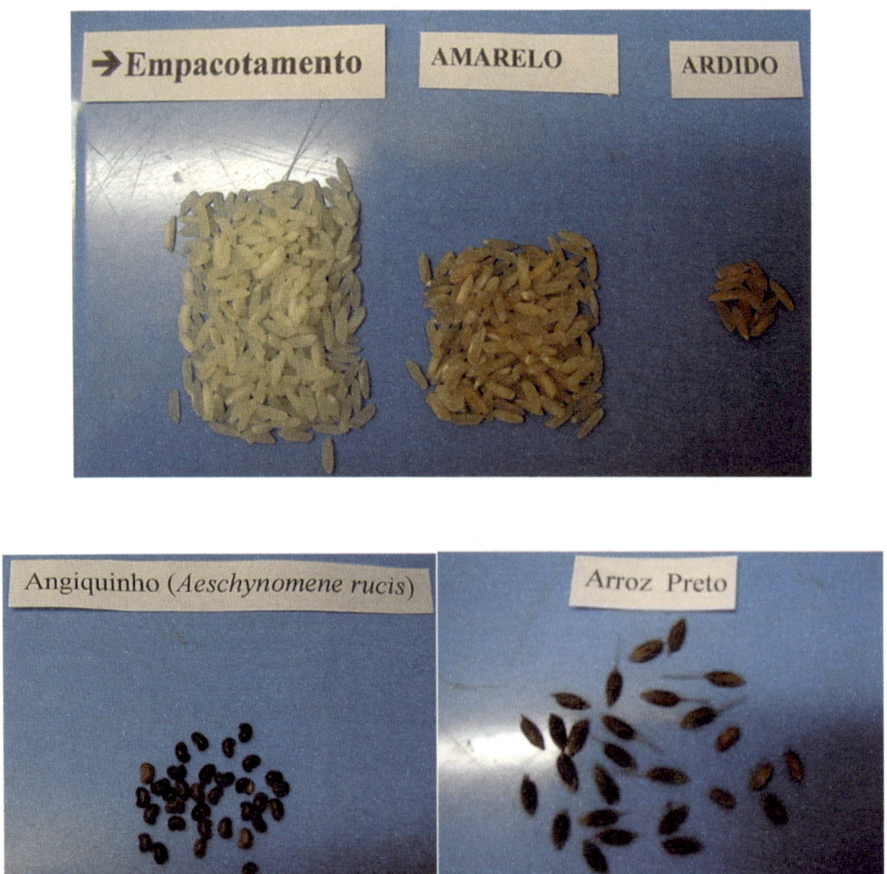

Figura 5.44 – Defeitos e impurezas do arroz branco. (*continua*)

Figura 5.44 – Defeitos e impurezas do arroz branco. (*continua*)

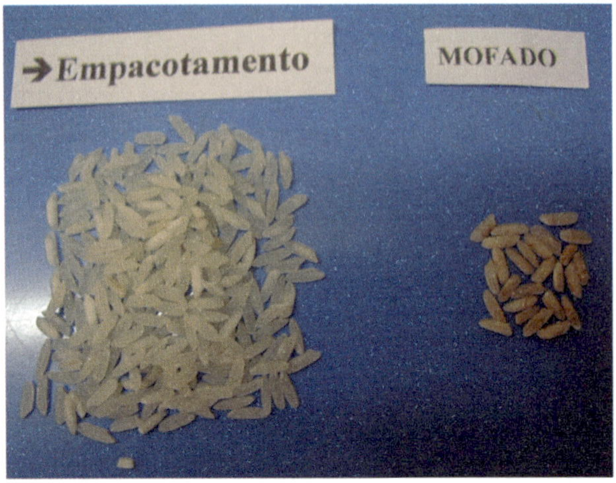

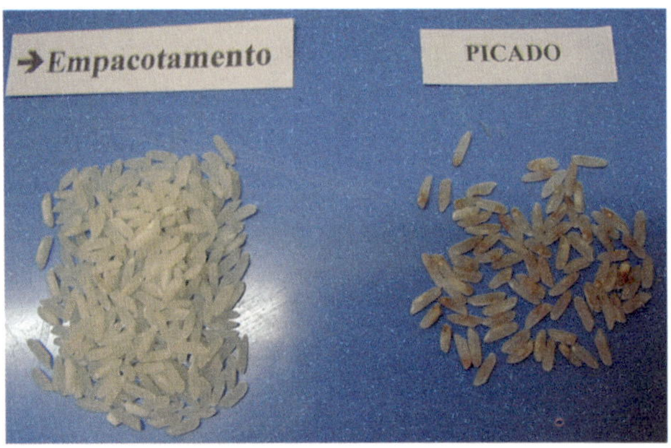

Figura 5.44 – Defeitos e impurezas do arroz branco. (*continuação*)

Fonte: Adaptação de LUZ, C. A. S. da, 2011.

Os limites de defeitos estabelecidos pela IN n.º 6/2009 para arroz branco polido foram apresentados na Tabela 4.7. Observa-se que, diferentemente dos defeitos do arroz parboilizado, grãos amarelos, grãos gessados e grãos verdes (imaturos) são considerados defeitos. Os grãos gessados desaparecem com o processo de parboilização, já os amarelos são considerados normais para grãos parboilizados.

5.3.7.2 Classificador cilíndrico

O classificador cilíndrico rotativo é indicado para classificar arroz por espessura, separando arroz gessado, vermelho e impurezas maiores ou menores que o grão de arroz, dependendo da furação da tela escolhida, conforme a Figura 5.45, com módulos de um ou dois cilindros. Geralmente, o arroz gessado tem menor espessura que o arroz comum e o arroz vermelho tem maior espessura que ele, portanto, serão separados em peneiras diferentes.

São utilizadas peneiras com furos circulares, ovais, oblongos ou outro ou telas de malha de metal de aberturas quadradas ou retangulares no classificador.

Durante o processo de separação, os grãos com espessura maior que as aberturas da tela movem-se pelo interior do cilindro até sua extremidade, de onde são direcionados para a saída. Os grãos que passaram pela abertura da tela são direcionados a outra saída.

O classificador mostrado na Figura 5.45 trabalha com dois cilindros lado a lado, e nele podem ser instaladas peneiras idênticas para fazer a tarefa em paralelo ou diferentes para operar em série.

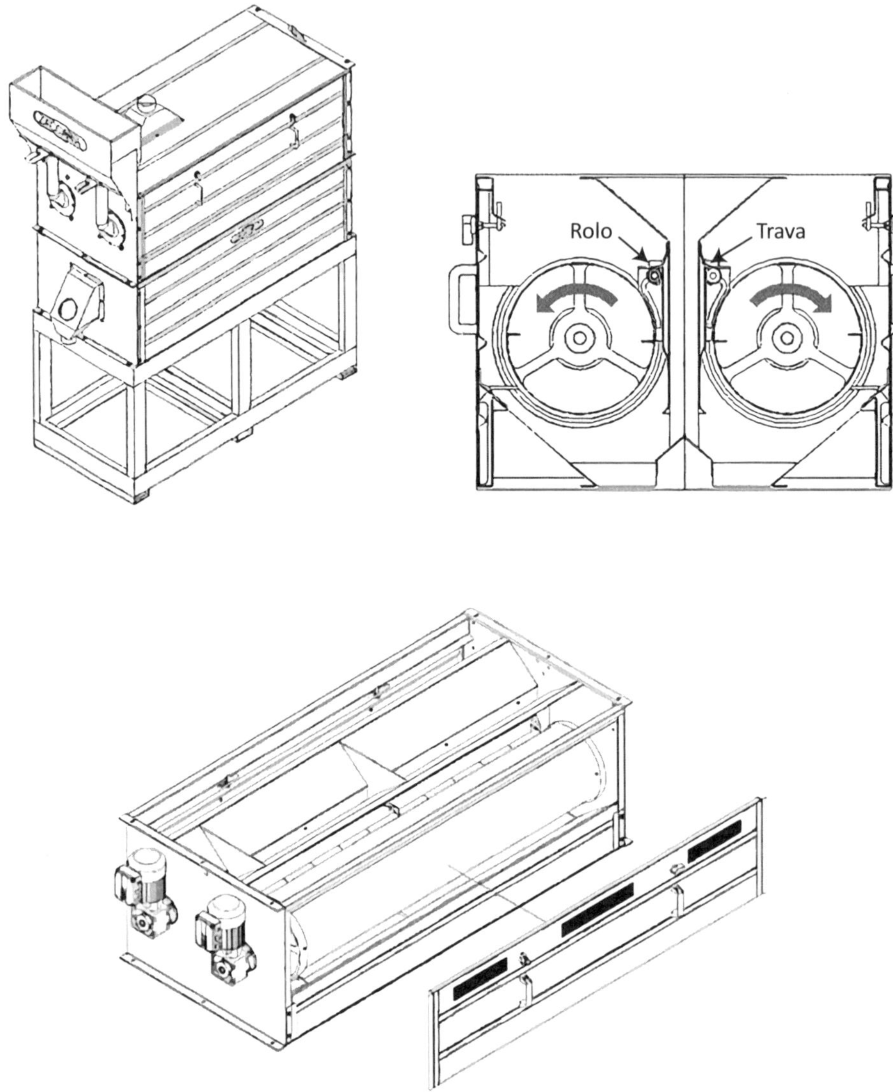

Figura 5.45 – Vista em três dimensões e detalhe de um classificador com dois cilindros.

Fonte: Adaptação de ZACCARIA, 2020.

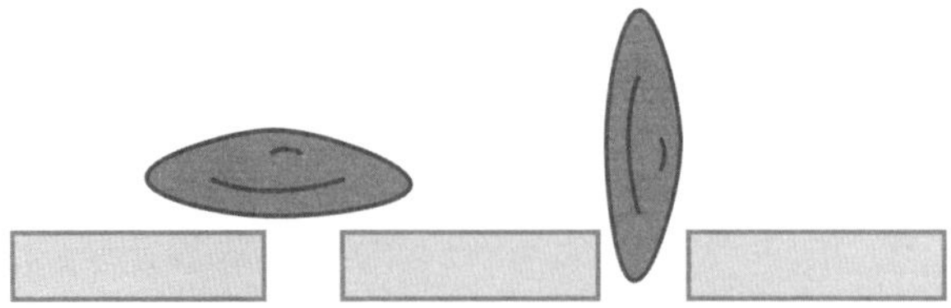

Figura 5.46 – Detalhe da forma de separação do grão no interior do cilindro.

Fonte: Adaptação de ZACCARIA, 2020.

Com base no princípio de separação desejada, são escolhidas as peneiras com vários tipos de furos, disponibilizadas pelas empresas fabricantes.

Em função da capacidade desejada, estuda-se a melhor opção de montagem, sendo possível montar até três módulos sobrepostos.

Uma vez separado, o produto é transportado até as suas respectivas saídas por um transportador vibratório, localizado em seu módulo. Em qualquer opção de montagem, esse módulo estará localizado na base do conjunto para receber os produtos de todos os módulos. Quando a opção for pela montagem com sistema passa e repassa entre um módulo e outro, o produto será transportado por rosca.

5.3.7.3 Classificador *trieur*

O classificador *trieur*, ou simplesmente *trieur*, tem por finalidade promover a classificação dos grãos de arroz pelo comprimento: 1, ¾, ½ e ¼ de grão.

O arroz, nesta fase de classificação, é submetido a um conjunto de *trieurs* ou a um único elemento para a separação dos quebrados.

Esse classificador consiste basicamente em um cilindro rotativo, inclinado, com a superfície interna recoberta por pequenas cavidades, denominadas alvéolos.

Ao contrário das peneiras, o alvéolo é uma concavidade, não uma perfuração. O tamanho do alvéolo não varia no mesmo cilindro de um *trieur*, mas pode variar escolhendo cilindros com todos os alvéolos de outro tamanho para separar porções de comprimentos diferentes.

Durante o processo de classificação, os grãos quebrados entram nos alvéolos e ficam presos em seu interior devido à combinação do formato dos alvéolos e da rotação do cilindro (força centrífuga), sendo forçados a acompanhar o sentido de rotação, enquanto os grãos inteiros, com dimensões maiores que os alvéolos, não conseguem se encaixar, ficam no fundo do *trieur* e então movem-se no interior do cilindro, em direção à bica de descarga, na extremidade oposta à carga do *trieur*.

Os grãos quebrados, após algum tempo, ficam livres do efeito provocado pelos alvéolos, sendo que, nesse momento, seu peso próprio vence a força centrífuga e estes caem, por gravidade, para o interior de uma calha localizada no interior do cilindro, que recebe todos os grãos quebrados, os quais são retirados por uma rosca transportadora localizada dentro da calha. A inclinação da calha é regulável. Dependendo do ângulo de inclinação, ela pode captar mais ou menos quebrados (Figuras 5.47 e 5.48).

Tanto os grãos inteiros como os quebrados são transportados para uma das extremidades do cilindro, onde existem as respectivas caixas coletoras, destinadas a recebê-los e guiá-los para a fase seguinte de beneficiamento. Os inteiros seguem para a próxima etapa de classificação e os quebrados seguem para seu destino final como subproduto ou para serem adicionados novamente na massa de inteiros, conforme permitido pela legislação, se enquadrando em um determinado tipo. Há comércio para grãos quebrados para alimentação humana, embora bem restrito, e esse produto tem preços mais baixos que o arroz inteiro, apesar de nutricionalmente serem semelhantes.

Como o princípio de funcionamento do *trieur* é por tamanho (comprimento) do grão de arroz, as empresas fabricantes oferecem *trieurs* com várias dimensões de alvéolos e em várias opções de montagem dos conjuntos (Figura 5.49).

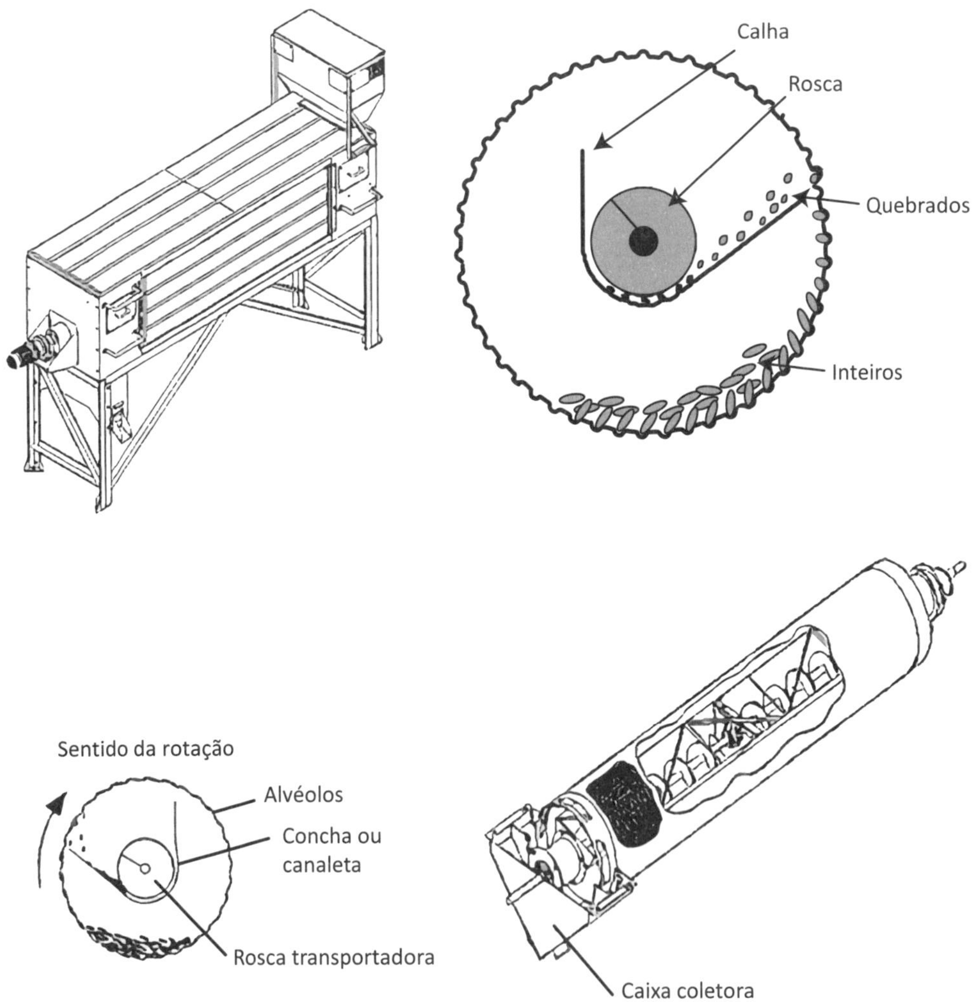

Figura 5.47 – Vista em três dimensões de um classificador *trieur* e detalhes do seu interior.

Fonte: Adaptação de ZACCARIA, 2020.

Figura 5.48 – *Trieur* e detalhe da alavanca de regulagem.

Fonte: Adaptação de LUZ, C. A. S. da, 2011.

Opções de montagem dos trieurs*:* dependendo da capacidade necessária exigida pelo projeto, os *trieurs* podem ser montados de diferentes formas. As capacidades podem variar, por exemplo, de 1.800 a 4.200 $kg.h^{-1}$ de arroz. O arroz entra no que nos engenhos se costuma chamar de "bica corrida". A porção de quebrados M1 é composta por ¾ + ½ + ¼ de grão, e a M2, por ½ + ¼ de grão nos esquemas da Figura 5.49.

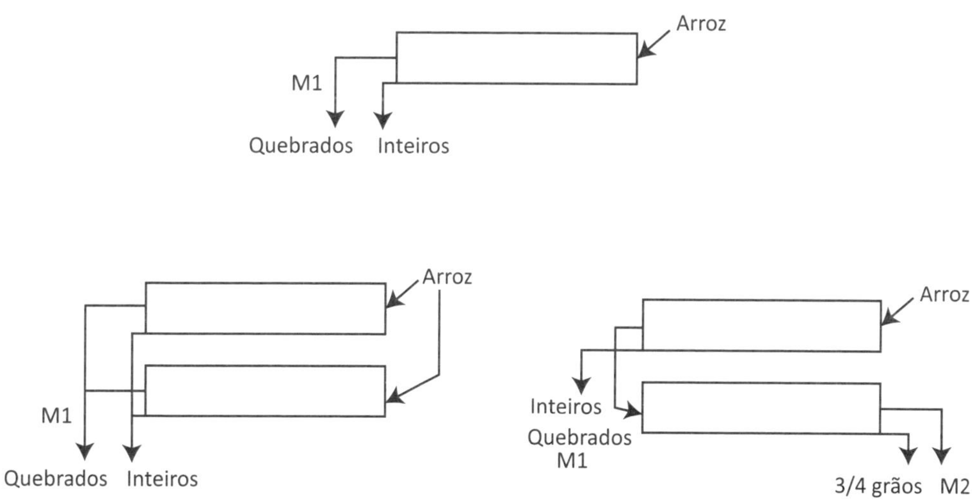

Figura 5.49 – Opções de montagem dos *trieurs*. (*continua*)

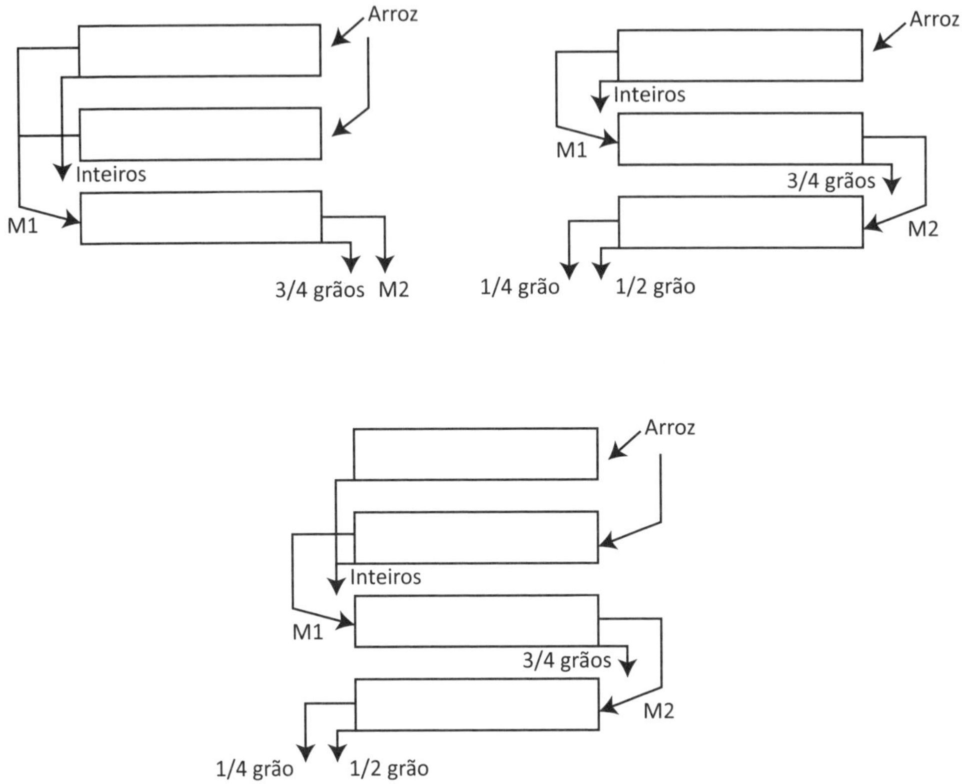

Figura 5.49 – Opções de montagem dos *trieurs*. (*continuação*)

Fonte: Adaptação de ZACCARIA, 2020.

Existem seis possibilidades de arranjos de *trieurs* em uma linha de beneficiamento. São considerados inteiros os grãos que possuírem a fração maior que ¾ do comprimento do grão daquela classe, e a parte de grãos quebrados é composta pelas frações de ¾ + ½ + ¼ de grãos. Essa separação é feita porque, segundo a IN n.º 6/2009 (BRASIL, 2009a), a fração de ¾ de grão pode ser adicionada à massa de grãos inteiros.

- Arranjo a: a primeira opção mostra um único *trieur*, fazendo a separação de grãos inteiros e quebrados.
- Arranjo b: nesta opção usam-se dois *trieurs* iguais, trabalhando em paralelo, separando somente grãos inteiros de quebrados, dobrando a capacidade do arranjo "a" ou diminuindo à metade o tempo de processo de uma mesma massa de grãos.

- Arranjo c: usam-se dois *trieurs* ligados em série, o primeiro separando grãos inteiros de quebrados e o segundo repassando os quebrados, a fim de separar os ¾ de grãos daqueles com tamanhos menores (½ + ¼) e permitir o reaproveitamento dos ¾ de grãos junto aos inteiros.
- Arranjo d: usam-se três *trieurs*, os dois primeiros trabalhando em paralelo, separando os grãos inteiros dos quebrados, ligados a um terceiro *trieur* que repassa os quebrados, separando os ¾ de grãos dos quebrados menores.
- Arranjo e: usam-se três *trieurs*, ligados em série; o primeiro separa os grãos inteiros dos quebrados, o segundo separa os ¾ de grãos dos quebrados menores e o terceiro separa o ½ grão do ¼ de grãos.
- Arranjo f: usam-se quatro *trieurs*, os dois primeiros trabalham em paralelo, separando os grãos inteiros dos quebrados, ligados em série aos outros dois. O terceiro separa os ¾ de grãos da fração composta por ½ + ¼ de grãos. O quarto *trieur* repassa a fração ½ + ¼ de grãos quebrados, separando a fração de ¼ de grão da fração de ½ de grão.

Arquivo de áudio 9

Questionário 9

5.3.7.4 Classificador em plano rotativo

O classificador em plano rotativo tem como finalidade classificar quatro subprodutos distintos por tamanho, por exemplo, separar os grãos de arroz ¾, ½, ¼ e quirera, pelo princípio de peneiramento e seleção adequada das telas.

O classificador consiste em um conjunto de módulos, sendo um módulo de distribuição e sete módulos de classificação (peneiras).

Quando um produto é classificado em uma peneira, são gerados dois subprodutos: o subproduto maior, que não passou pela peneira; e o menor, que passou pela peneira.

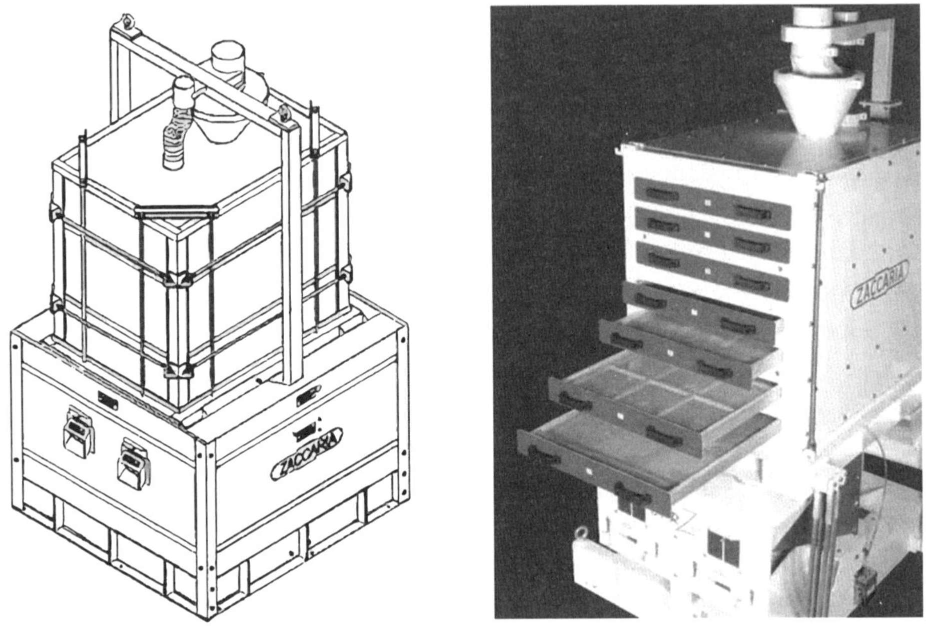

Figura 5.50 – Vista em três dimensões de um classificador em plano rotativo.

Fonte: Adaptação de ZACCARIA, 2020.

O funcionamento desse equipamento segue o esquema da Figura 5.51. O equipamento faz movimentos circulares, vibrando as peneiras, em plano rotativo horizontal, por isso muitas vezes é chamado de bailarina na linguagem de chão de fábrica. Em alguns modelos, as peneiras planas são encaixadas como gavetas.

As sete peneiras de classificação são compostas da seguinte maneira, conforme a Figura 5.51: o módulo 1 é de distribuição; as peneiras 2, 3 e 4 são iguais entre si e possuem a maior abertura do conjunto; as peneiras 5, 6 e 7 são iguais e possuem uma abertura intermediária e a peneira 8 possui a menor abertura. Assim, o produto é dividido de forma paralela e passa pelas duas primeiras peneiras, fazendo um repasse na terceira peneira, em que toda fração menor que essas três peneiras é classificada pelas peneiras 5, 6 e 7. Da mesma forma que anteriormente, toda fração menor que atravessa essas peneiras é classificada pela oitava e última peneira, separando em duas frações, a menor e a maior que a furação dessa peneira. Portanto, pode-se detalhar mais o processo em etapas.

A etapa 1 (classificação do produto A, saída S-1) inicia-se quando o módulo 1 distribui a carga de entrada para os módulos 2 e 3. Os subprodutos maiores dos módulos 2 e 3 são repassados no módulo 4 e nesse repasse o produto que não passar gera o produto A, na saída S-1.

Na etapa 2 (produto B, saída S-2), o subproduto menor dos módulos 2, 3 e 4 é distribuído para os módulos 5 e 6. Os subprodutos maiores dos módulos 5 e 6 são repassados no módulo 7. Nesse repasse, o produto que não passar gera o produto B, na saída S-2.

Na etapa 3 (produto C, saída S-3), o subproduto menor dos módulos 5, 6 e 7 vai para o módulo 8. O produto que não passar gera o produto C, na saída S-3.

Na etapa 4 (produto D, saída S-4), o subproduto que passar no módulo 8 gera o produto D, na saída S-4.

Opções de telas: as peneiras do classificador em plano rotativo são assentadas sobre um quadro e vedadas com silicone. Como há várias possibilidades de classificação por tamanho de um determinado produto, existem várias opções de telas para os módulos de classificação.

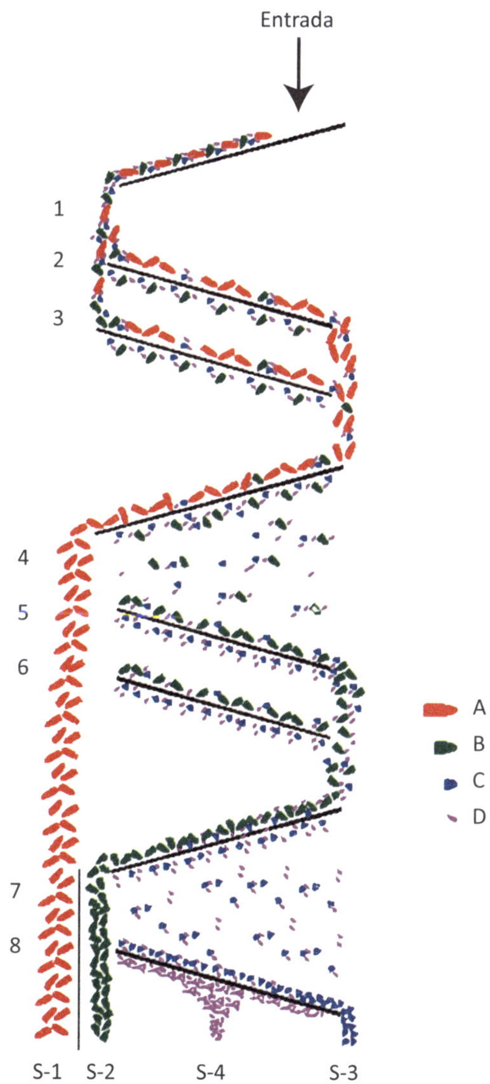

Figura 5.51 – Representação esquemática da classificação em plano rotativo.

Fonte: Adaptação de ZACCARIA, 2020.

Por exemplo:

Telas 2/3/4 – Saída 1:	Abertura 2,59 mm / Fio 0,58 mm
Opções superior:	Abertura 2,72 mm / Fio 0,46 mm
	Abertura 2,62 mm / Fio 0,50 mm
Opções inferior:	Abertura 2,54 mm / Fio 0,64 mm
	Abertura 2,46 mm / Fio 0,71 mm
	Abertura 2,36 mm / Fio 0,81 mm
	Abertura 2,20 mm / Fio 0,64 mm
	Abertura 2,13 mm / Fio 0,41 mm
Telas 5/6/7 – Saída 2:	Abertura 2,13 mm / Fio 0,41 mm
Opções superior:	Abertura 2,20 mm / Fio 0,64 mm
	Abertura 2,36 mm / Fio 0,81 mm
	Abertura 2,46 mm / Fio 0,71 mm
	Abertura 2,54 mm / Fio 0,64 mm
	Abertura 2,59 mm / Fio 0,58 mm
Opções inferior:	Abertura 2,00 mm / Fio 0,50 mm
	Abertura 1,96 mm / Fio 0,58 mm
	Abertura 1,91 mm / Fio 0,64 mm
	Abertura 1,83 mm / Fio 0,71 mm
	Abertura 1,73 mm / Fio 0,81 mm
Telas 8 – Saída 3/4:	Abertura 1,67 mm / Fio 0,64 mm
Opções superior:	Abertura 1,73 mm / Fio 0,81 mm
	Abertura 1,83 mm / Fio 0,71 mm
	Abertura 1,91 mm / Fio 0,64 mm
	Abertura 1,96 mm / Fio 0,58 mm
	Abertura 2,00 mm / Fio 0,50 mm
Opções inferior:	Abertura 1,60 mm / Fio 0,36 mm
	Abertura 1,50 mm / Fio 0,46 mm
	Abertura 1,40 mm / Fio 0,71 mm
	Abertura 1,37 mm / Fio 0,58 mm

5.3.8 BRILHADOR COM CONJUNTO DE AUTOMAÇÃO DA TURBINA

O brilhador é um conjunto de turbina, tamborão e peneira cuja função é promover o brilho em grãos de arroz por meio de aditivos. Alguns modelos no mercado são automatizados.

O arroz já classificado é brilhado, ou seja, recebe uma solução de glicose de milho e talco (magnesita em pó), e às vezes parafina derretida, para melhorar seu aspecto visual, por uma questão estética, para ser atrativo ao consumidor. Geralmente, essa operação é feita só para o arroz branco, tipo 1. O arroz entra em um misturador que o agita, aquecendo-o com o atrito – grão contra grão e grão contra o elemento misturador –, para que a solução de glicose e talco fique bem distribuída em todos os grãos, que adquirem aspecto vítreo.

Esse equipamento começou a ser cada vez menos utilizado quando surgiu no mercado o polidor a água, tornando o brilhador obsoleto por ser um processo a mais na linha de beneficiamento, com seus custos inerentes, pois, além de gastos com a operação, equipamento e insumos, ainda causa uma quebra nos grãos de arroz, embora continue a ser utilizado em algumas unidades de beneficiamento de arroz.

O conjunto de brilho é dividido em três partes, podendo ainda ser adaptado um *kit* de automação. As partes do conjunto de brilho são:

Turbina: caixa metálica com fundo côncavo, que promove a mistura do arroz, com a solução de glucose mais água e talco (magnesita em pó), de forma a dar um aspecto de brilho ao grão de arroz.

Tamborão: cilindro metálico que recebe o arroz da turbina e tem por finalidade a eliminação de agregados de talco e glucose, acumulados em alguns grãos de arroz, tornando o brilho mais uniforme.

Peneira: a peneira vibratória recebe o arroz do tamborão e tem por finalidade a retirada do pó e de partículas maiores que o grão do arroz.

Kit *de automação:* conjunto de equipamentos mecânicos, elétricos e pneumáticos, os quais são responsáveis pela automação de todo o processo.

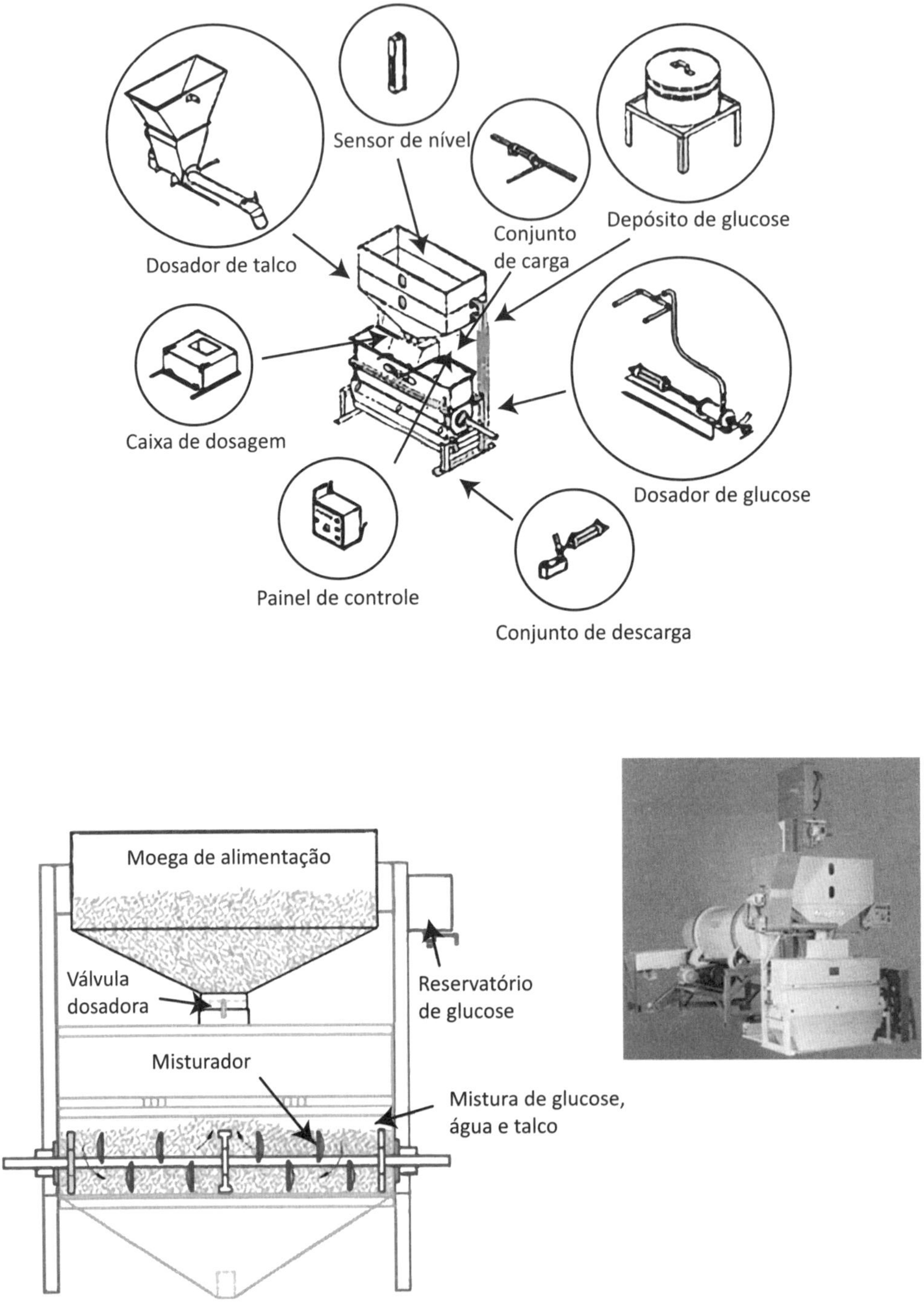

Figura 5.52 – Detalhamento dos componentes de um brilhador de arroz.

Fonte: Adaptação de ZACCARIA, 2020.

O processo de mistura do arroz com os aditivos, se feito manualmente, consiste nas seguintes etapas:

- carregamento da turbina;
- dosagem da solução de glucose e água;
- dosagem do talco;
- descarga do arroz brilhado.

Um conjunto de equipamentos adaptados, por exemplo, a uma turbina já existente permite, por meio de um painel de controle, o ajuste de todos os parâmetros do processo. Portanto, esse conjunto, como o próprio nome diz, tem por finalidade a automação de todo o processo que se refere ao trabalho da turbina, sem necessitar da presença constante de um operador. A vantagem desse sistema é possibilitar um total controle do processo, pois este permite:

- controlar a quantidade de arroz brilhado;
- controlar a quantidade de solução de glucose e água dosados;
- controlar a quantidade de talco adicionado;
- controlar o tempo de processamento;
- ter menor quantidade de mão de obra envolvida;
- obter melhor qualidade no produto final;
- obter maior produtividade.

Já os componentes de um *kit* de automação são:

Conjunto de descarga: consiste em um cilindro pneumático, o qual aciona o eixo preso às tampas de descarga. O movimento do cilindro permite a abertura e o fechamento deste, descarregando o arroz brilhado. O cilindro é fixado na mesma base da alavanca, para operação manual.

Conjunto de carga: dispositivo composto por um cilindro pneumático fixado ao eixo da borboleta, por onde se controla a passagem do arroz proveniente da moega superior para o interior da turbina.

Dosador de talco: é um equipamento simples que executa a dosagem do talco de forma bastante precisa. É composto por uma moega de carga e uma rosca helicoidal extratora. O mecanismo de acionamento da rosca é constituído por um motor monofásico e um redutor sem-fim. O controle do volume de talco adicionado é feito por meio do painel de controle, variando-se o tempo de permanência do motor em funcionamento.

Dosador de glucose: com a mudança de temperatura, varia a viscosidade da solução de glucose e água, portanto, a dosagem tem que ser volumétrica, porque qualquer outro sistema causaria imprecisão. O dosador aqui utilizado parte do princípio da dosagem volumétrica, pois trabalha como uma seringa de injeção, aspirando um determinado volume da mistura e, posteriormente, injetando-a para o interior da turbina. O controle da quantidade de solução é feito no próprio equipamento, variando-se o volume interno da câmara.

Caixa de dosagem: esta caixa substitui a anterior, pois é nela que se encontram alojados o tubo de dosagem do talco e os injetores de glucose.

Sensor de nível: no processo de beneficiamento de arroz é comum o fluxo de arroz variar. Para evitar que se processe uma quantidade de arroz menor que a estabelecida, a moega superior deve conter uma quantidade mínima de arroz. Para tal, existe um sensor de nível que controla o nível mínimo de produto, liberando o processo somente quando este é atingido.

Painel de controle: é a central de controle do sistema, no qual se determina todo o processo, ou seja, tempos de dosagens, carga, descarga, pressão de ar etc.

Tanque de solução de glucose: esse tanque não faz parte do *kit*, pois uma das vantagens desse *kit* é justamente automatizar as turbinas já existentes e, portanto, existe uma gama muito grande de instalações, variando o *layout* dos equipamentos, formas de trabalho com a glucose (manual ou centralizada), sendo necessário acoplar ao processo um tanque que atenda a todas essas necessidades.

5.3.9 SELEÇÃO ELETRÔNICA POR COR

Os engenhos mais modernos e mais competitivos possuem essas máquinas eletrônicas, que são colocadas no final da linha de beneficiamento do arroz.

A classificação por cor é feita nestas máquinas sofisticadas, que são as selecionadoras eletrônicas por cor, constituídas por células fotoelétricas, que identificam o grão de cor diferente do padrão escolhido e rejeitam grãos escuros ou gessados. Cada máquina tem um padrão de contraste estabelecido, claro ou escuro. O arroz entra pela parte superior da máquina, uma calha vibratória direciona os grãos aos canais de seleção, que são calhas inclinadas que acomodam uma fileira de grãos para que cada um seja exposto ao feixe de luz da célula fotoelétrica e, caso tenha um padrão diferente daquele selecionado, seja ejetado da linha por um jato de ar comprimido, indo cair na saída de descarte da máquina, diferente daquela dos grãos considerados aceitos (Figura 5.53).

Em geral, devido à sua sensibilidade, essas máquinas ficam instaladas em local protegido de poeira, fechado, numa espécie de ilha dentro da linha de produção.

Essa é a classificação de acabamento antes do empacotamento. Seu uso em arroz branco restringe-se a separar grãos gessados da massa, pois o grão gessado apresenta-se branco opaco e o grão normal é branco translúcido. Também, essas máquinas separam todos os grãos ou partículas de cores mais escuras que o branco polido ou o amarelo ou ainda grãos com manchas, dependendo do fundo de contraste escolhido. Em uma instalação, portanto, haverá máquinas com diferentes padrões de fundo e o arroz poderá passar por mais de uma máquina. Por exemplo, em uma delas removem-se os gessados; em outra, os escuros. Esses grãos descartados servem como ração para cães ou outros animais e são empacotados e vendidos para esse fim.

(a)

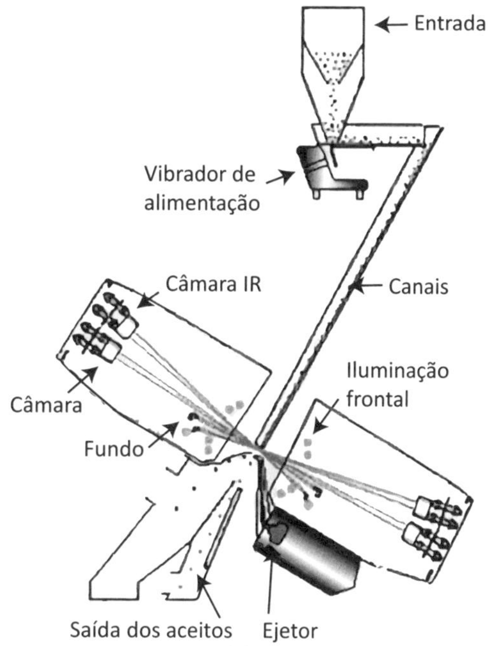

(b)

(c)

Figura 5.53 – Ambiente de instalação das selecionadoras eletrônicas por cor: frente das máquinas e traseira, mostrando sistema de ar e esquema de funcionamento.

Fontes: a) e c) Adaptação de SILVEIRA, V. C. da, 2008, b) Adaptação de FELLOWS, 2009.

Alguns engenhos, para obter melhor aparência e, consequentemente, melhor preço pelo produto final, separam grãos "barriga branca" nessas máquinas, ressaltando que estes não são considerados defeitos, sendo, portanto, esses engenhos mais exigentes do que a própria legislação determina. Além disso, na etapa final, muitos engenhos padronizam o arroz acrescentando a quantidade de quebrados e quirera, conforme o permitido pela legislação. Isso raramente é feito no arroz tipo 1, que tem um mercado valorizado e competitivo.

Os grãos quebrados têm um mercado menos valorizado e são direcionados a consumidores, em geral, de menor poder aquisitivo ou para usos específicos, como para fabricação de farinha, ou ainda esses quebrados são juntados aos grãos inteiros para compor arroz tipo 2, por exemplo. Já a quirera geralmente é comercializada para ração, em especial para aves.

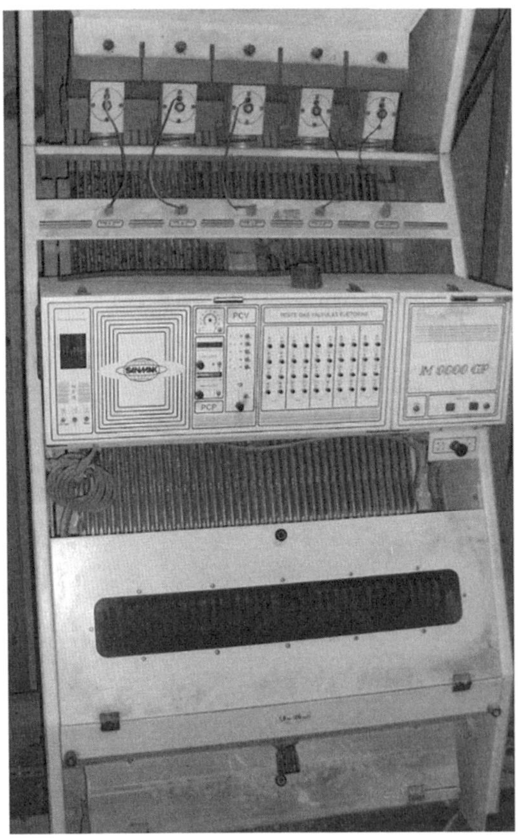

(b)

(a) (c)

Figura 5.54 – Selecionadora eletrônica por cor: a) parte frontal; b) canais de separação; c) local da carga do arroz na traseira da máquina.

Fonte: Adaptação de SILVEIRA, V. C. da, 2008.

5.3.10 EMPACOTAMENTO, ENFARDAMENTO E ARMAZENAMENTO

Após passar pela seleção por cor, o arroz dirige-se ao setor de empacotamento, enfardamento e, em seguida, é armazenado sobre estrados de madeira (*pallets*), aguardando a expedição.

As embalagens de arroz estão definidas pelo Art. 44, no Capítulo VI da IN n.º 6/2009 (BRASIL, 2009a), e a marcação e rotulagem, no Capítulo VII. Para produto comercializado para venda direta à alimentação humana, a marcação ou rotulagem, uma vez observada a legislação específica, deverá conter as seguintes informações: subgrupo (facultativo para o polido); classe; categoria, para fragmento de arroz; tipo; "arroz" ou "fragmento de arroz", conforme o caso, seguida da marca comercial do produto; identificação do lote; nome empresarial, com CNPJ, endereço da empresa embaladora ou do responsável pelo produto.

Na Figura 5.55 pode-se observar que na frente das embalagens consta a marca comercial, a informação de arroz integral, parboilizado ou branco, o tipo (1), a classe (longo fino), o subgrupo (parboilizado integral ou polido ou parboilizado polido), o peso. Essas informações chamam-se marcação e são definidas pela IN n.º 6/2009 (BRASIL, 2009a), inclusive os tamanhos das letras e a localização das informações.

No verso estão as informações nutricionais, a frase "não contém glúten", "pode conter resíduos de soja" (para alérgicos), informações de preparo, o código de barras, as datas de fabricação e de validade, o número do lote, informações sobre a empresa, telefone do Serviço de Atendimento ao Consumidor, informações sobre o material da embalagem para o adequado descarte.

Figura 5.55 – Algumas embalagens de arroz frente e verso, com informações.

Fonte: Adaptação de LUZ, C. A. S. da, 2020.

As embalagens, provenientes de uma bobina com a serigrafia, são preenchidas, pesadas e seladas em máquinas semiautomáticas ou automáticas empacotadoras, nas quantidades de 1, 2 ou 5 kg (Figura 5.56). Depois, os pacotes são direcionados por uma esteira para outra máquina automática chamada de enfardadora, que envolve os pacotes em plástico, formando fardos de 30 kg (Figura 5.57). Esses fardos são acomodados sobre *pallets* de madeira, manualmente, com empilhadeira ou por meio de um equipamento chamado de "robô". Depois, com o auxílio de empilhadeiras, os *pallets* são transportados do setor de embalagem e direcionados ao setor de armazenamento do produto acabado. Nesse local, os fardos ficam sobre *pallets*, observando-se um espaçamento entre paredes e entre lotes para haver ventilação, aguardando a expedição para o mercado consumidor (Figura 5.58). Em geral, o carregamento do caminhão é realizado com uma esteira inclinada, na qual são colocados manualmente os fardos, ou com empilhadeiras transportando os *pallets*. Para o caminhão não entrar no setor de armazenamento, pode-se abrir um óculo na parede através do qual a esteira é instalada e o caminhão é carregado em um setor adjacente.

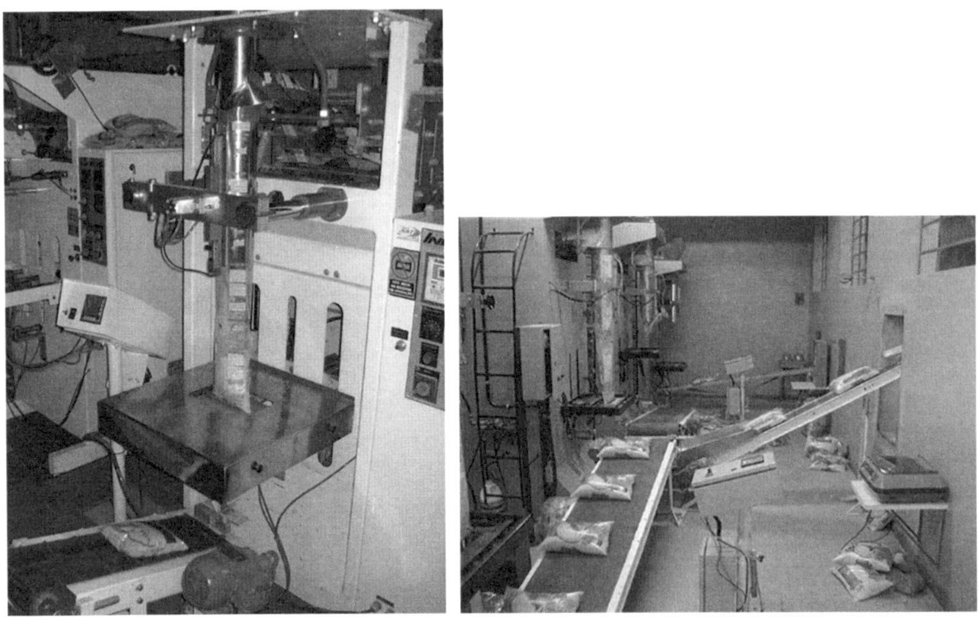

Figura 5.56 – Máquinas automáticas para empacotar arroz.

Fonte: Adaptação de LUZ, C. A. S. da, 2011.

Figura 5.57 – Máquinas automáticas para enfardar arroz.

Fonte: Adaptação de LUZ, C. A. S. da, 2011.

Figura 5.58 – Armazenamento de arroz empacotado.

Fonte: Adaptação de SILVEIRA, V. C. da, 2008.

Arquivo de áudio 10

Questionário 10

5.4 OPERAÇÕES INDUSTRIAIS PARA A PRODUÇÃO DE ARROZ MACERADO

O arroz macerado é o produto cujos grãos, ao serem beneficiados, apresentam uma cor amarelada e desuniforme em decorrência do processo de maceração, utilizado para elevar o teor vitamínico e de sais minerais do arroz. O processo consiste na imersão do arroz em casca em água potável, em temperatura ambiente, por tempo maior que doze horas. A maceração visa a umedecer o grão (teor de umidade em torno de 30%) para amolecer o endosperma antes da secagem. Esse processo propicia a obtenção de um maior percentual de grãos inteiros e permite a retenção de vitaminas e sais minerais. A temperatura e o tempo de maceração são importantes. Em temperatura ambiente esse tempo pode ultrapassar 48 horas, o que, além de tornar o processo moroso, provoca o risco de desenvolvimento de odores desagradáveis e fermentação microbiana. Por isso, é interessante fazer o encharcamento com água aquecida, para aumentar a eficiência do processo. Após a maceração, o grão é secado, preferencialmente até atingir 14% de umidade, e submetido à têmpera, ou seja, repousa por um período de sete dias antes do beneficiamento. O beneficiamento é idêntico ao do arroz branco e a classificação também é regida pelas mesmas normas, mudando os defeitos, que são: gerais agregados, que compreendem os grãos danificados, manchados, picados, rajados, não gelatinizados e/ou não macerados, e defeitos graves, que são os grãos ardidos e/ou pretos.

Esse processo é semelhante à parboilização, porém produz um arroz mais amarelo, com sabor e odor mais intensos.

5.5 EQUIPAMENTOS ANTIPOLUENTES

Os equipamentos antipoluentes mostrados nas Figuras 5.59 e 5.60 não possuem filtro de mangas, e, na verdade, são ciclones, nos quais a força centrífuga age sobre a partícula, possibilitando sua coleta. Tal força só é possível quando a partícula possuir um peso mínimo, portanto, é de vital importância seu peso próprio.

O ar empoeirado entra tangencialmente no ciclone, com velocidades entre 6 e 50 $m.s^{-1}$, e se move em trajetórias espirais, circulando junto às paredes internas do ciclone.

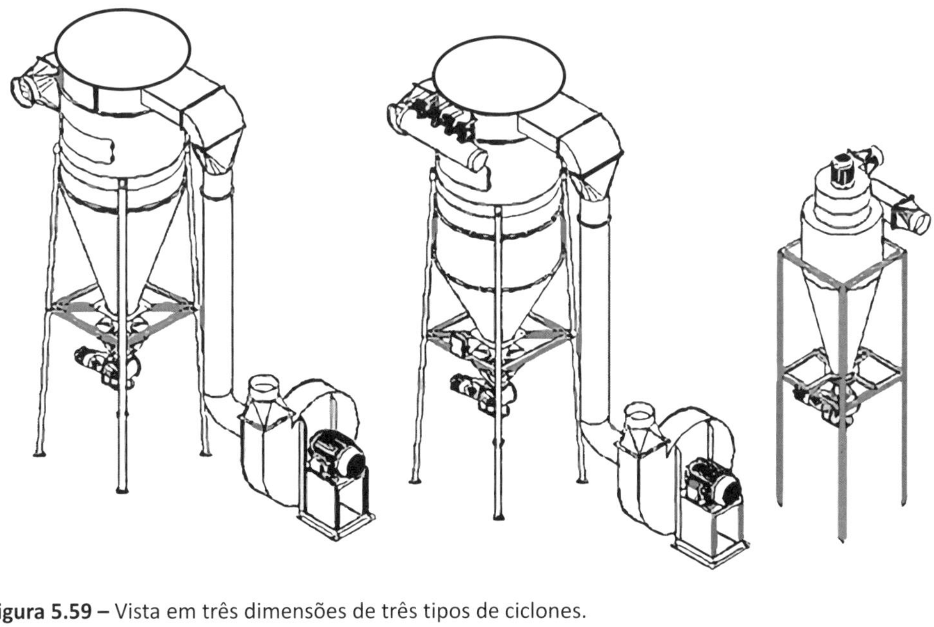

Figura 5.59 – Vista em três dimensões de três tipos de ciclones.

Fonte: Adaptação de ZACCARIA, 2020.

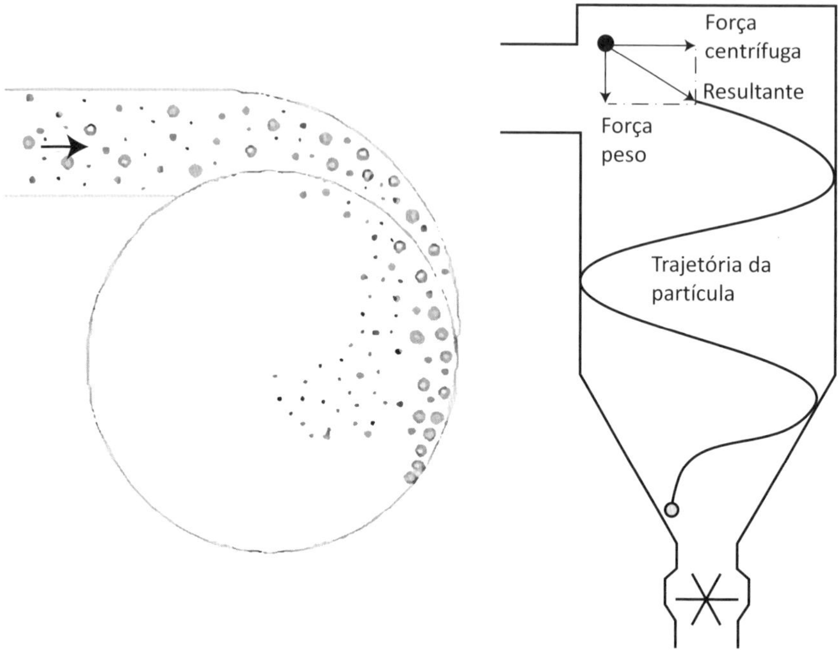

Figura 5.60 – Princípio de funcionamento do fluxo de ar no interior do ciclone.

Fonte: Adaptação de ZACCARIA, 2020.

O ciclone sem filtro de mangas, dentro de uma linha de beneficiamento de arroz, tem como função principal a extração, o transporte e a coleta de farelo de arroz proveniente dos brunidores, mas também pode ser utilizado como elemento antipoluição, captando partículas de pó de outros equipamentos.

O tamanho e o peso da partícula irão determinar o rendimento do equipamento, ou seja, a porcentagem de produto que vai sair junto com o ar limpo. Observando a Figura 5.60, nota-se que as partículas de maior tamanho são arrastadas para a superfície do ciclone, devido à ação da força centrífuga. Por sua vez, a partícula dotada de velocidade sofrerá a ação da força de seu próprio peso, a qual, ao se compor com a força centrífuga, terá um movimento helicoidal descendente, saindo em seguida pela válvula dosadora no fundo do ciclone. Logo, as frações mais leves, por possuírem um componente de força menor, serão arrastadas pelo fluxo de ar na direção contrária, saindo com ele pela parte superior do equipamento.

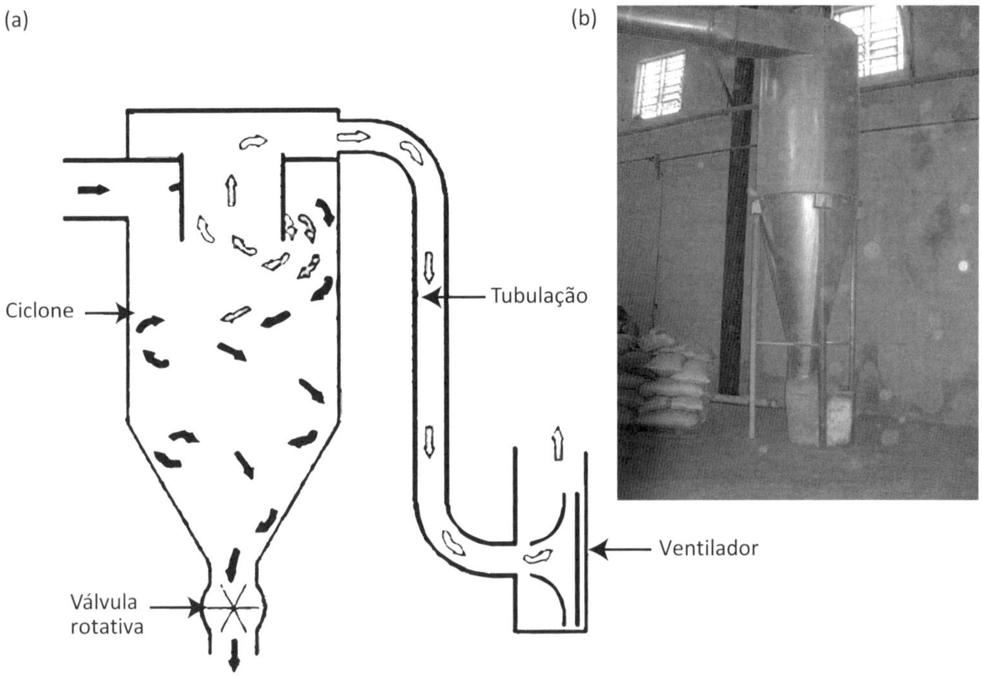

Figura 5.61 – Detalhe do fluxo de ar no interior do ciclone sem filtro de mangas.

Fontes: a) Adaptação de ZACCARIA, 2020; b) Adaptação de LUZ, C. A. S. da, 2011.

O ciclone com filtro de mangas é empregado quando é necessário extrair, transportar e separar material particulado cuja granulometria é pequena, por exemplo, poeira em geral (pó em suspensão).

O conjunto é composto por: corpo do ciclone, mangas, sistema de limpeza das mangas, tubulação, ventilador e válvula de descarga rotativa.

O ciclone com filtro de mangas tem o mesmo princípio de funcionamento daquele sem filtro de mangas, só que neste caso a fração leve, que forma a maior parte do produto, não sairá junto com o ar limpo, pois vai ficar retida na superfície das mangas, uma espécie de tubos longos feitos de tecido, com determinada porosidade, que funcionam como meio filtrante.

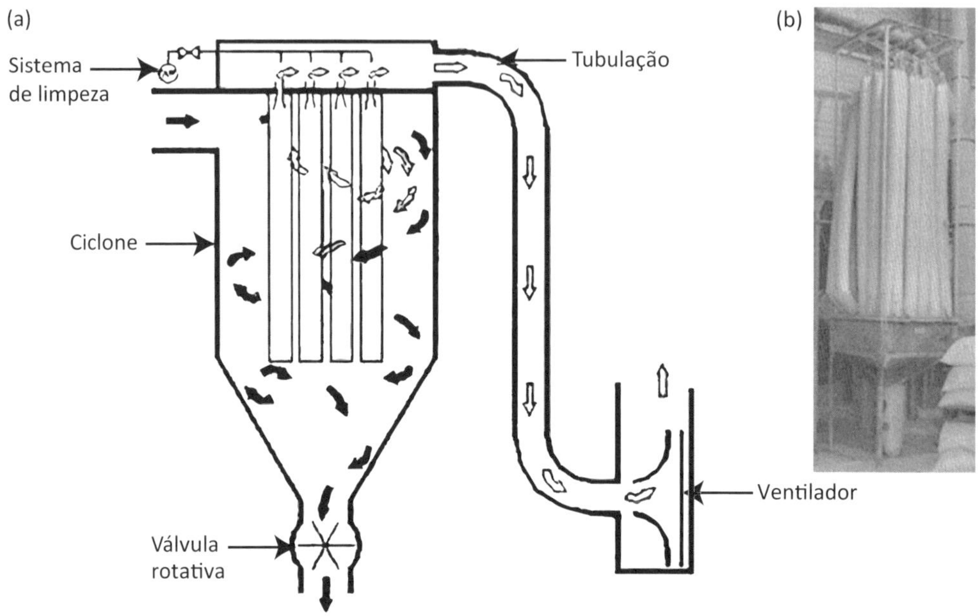

Figura 5.62 – Composição do conjunto do ciclone com filtro de mangas e filtro de mangas.

Fontes: a) Adaptação de ZACCARIA, 2020; b) Adaptação de LUZ, C. A. S. da, 2011.

Com o passar do tempo, as superfícies dessas mangas ficarão saturadas (entupidas), impedindo a passagem do ar. Daí a necessidade de um mecanismo para sua limpeza, que se dá por um jato de ar comprimido no sentido contrário ao fluxo de filtragem a fim de evitar a perda de eficiência do equipamento, podendo ocorrer das seguintes maneiras:

- com o fluxo de ar não interrompido: a limpeza se dá sem parar o processo de filtragem. Os jatos de ar comprimido são programados para que os disparos ocorram continuamente;
- com o fluxo de ar interrompido: a válvula borboleta interrompe por alguns segundos o fluxo de ar e, nesse intervalo, os jatos de ar comprimido executam a limpeza das mangas. Logo após, a válvula borboleta libera novamente o fluxo de ar. O pó desprendido das mangas cai e é removido pelo fundo do ciclone junto com o particulado mais pesado.

O que determina a necessidade ou não da interrupção do fluxo de ar são as condições físicas das partículas, por exemplo: tamanho da partícula, umidade, teor de óleo, concentração etc.

O ciclone com filtro de mangas é empregado quando se deseja extrair, transportar e separar material particulado, com granulometria inferior a 40 μm e com o máximo de 13% de umidade, por exemplo, pó em suspensão, poeira em geral etc. Deve-se acrescentar que o uso desse tipo de equipamento, com ou sem filtro de mangas, é necessário para despoluir o ambiente, protegendo os trabalhadores e evitando explosões de pó.

A proteção dos trabalhadores é principalmente para prevenir a silicose, que é uma doença pulmonar fibrosante, sem tratamento eficaz, provocada pela inalação de partículas de sílica cristalina, uma vez que a casca do arroz é rica nesse mineral.

As explosões de pó são muito perigosas e são devidas à grande quantidade de particulado fino disperso no ar, em ambiente confinado, que entra em ignição mediante uma faísca ou fricção ou outro meio. Causa grandes perdas materiais e de vidas.

Para prevenção desses dois eventos é necessário captar o pó do ambiente e realizar uma limpeza criteriosa nos locais de ocorrência de pó.

5.6 CÂMARA DE LIMPEZA POR DENSIDADE

Esse equipamento tem a finalidade de separar as impurezas leves de um determinado cereal, mediante um sistema de fluxo de ar, em função do peso da impureza que se deseja eliminar.

A regulagem está distribuída em três controladores/fases e é explicada a seguir:

Fase 1 – Extração: o fluxo de ar provindo dos ventiladores é acelerado na seção 1 da Figura 5.63, pela válvula estranguladora. Em alta velocidade, o ar atravessa a cascata do produto deixada pela mesa. A alta velocidade é responsável pelo espalhamento do produto e pela elevação das impurezas e de parte do produto em direção à câmara de densidade.

Fase 2 – Classificação: o produto, junto com as impurezas elevadas, deverá sofrer classificação quanto à sua densidade (leve e pesada) na câmara de densidade (seção 2 da Figura 5.63). Por variação de área interna, por meio da válvula estranguladora, é possível diminuir a velocidade do fluxo de ar e, portanto, "frear" a fração pesada, deixando somente a parte leve seguir.

Fase 3 – Separação ar/impureza: o fluxo de ar já classificado é novamente acelerado na seção 3 da Figura 5.63, onde se dá o início do processo de separação do ar/impurezas. Esse processo é denominado centrifugação. As impurezas providas de certo peso, por ação de força centrífuga, são arremessadas contra a parede metálica da máquina, a qual as conduz até a rosca de extração, por meio da qual são extraídas do interior do equipamento. Na seção 4 da Figura 5.63 o ar, que está em uma região mais central e, portanto, mais limpo, é coletado pelos ventiladores, retornando ao processo.

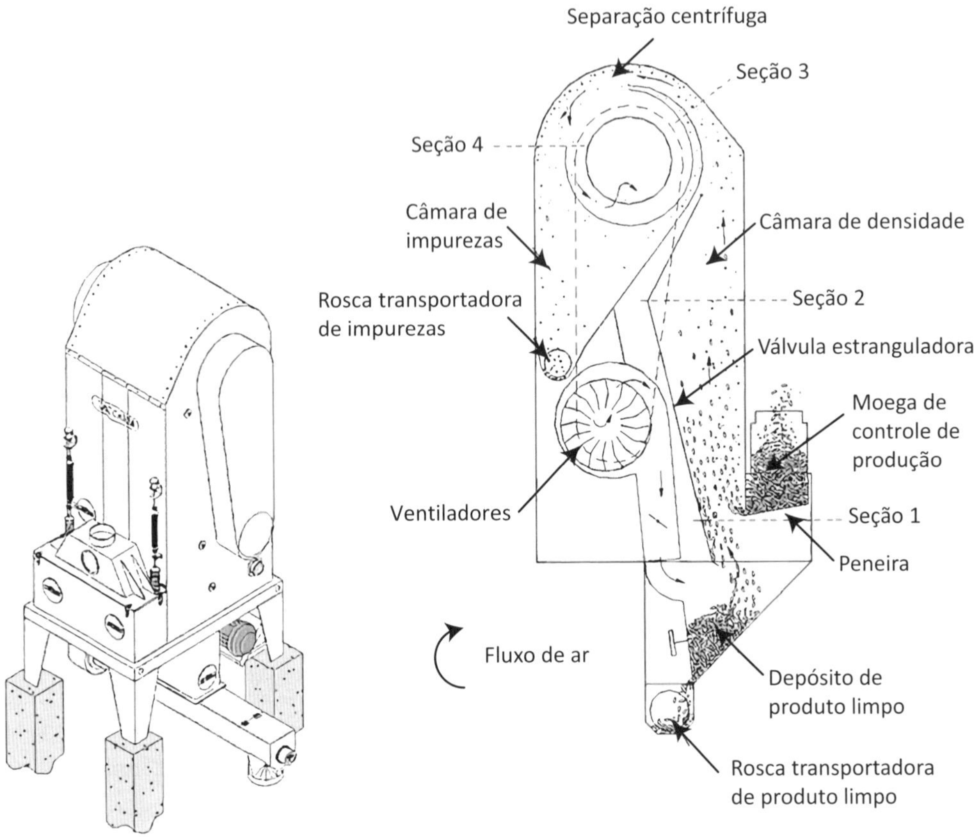

Figura 5.63 – Vista tridimensional e em corte lateral, mostrando o fluxo no interior da máquina de limpeza por densidade.

Fonte: Adaptação de ZACCARIA, 2020.

5.7 TRANSPORTADORES

5.7.1 VENTILADOR DOSADOR

O ventilador dosador é um transportador pneumático desenvolvido para longa distância e para transportar casca de arroz, farelo e similares, através de uma tubulação que poderá estar nas posições vertical ou horizontal.

Esse equipamento é composto por ventilador, válvula dosadora e moega, descritos a seguir:

Ventilador: produz o fluxo de ar que arrasta o produto a ser transportado até seu destino, através da tubulação.

Válvula dosadora: é responsável pela dosagem do produto a ser transportado. Também realiza a vedação na entrada do produto, evitando que o ar escape pela moega.

Moega: recebe o produto a ser transportado.

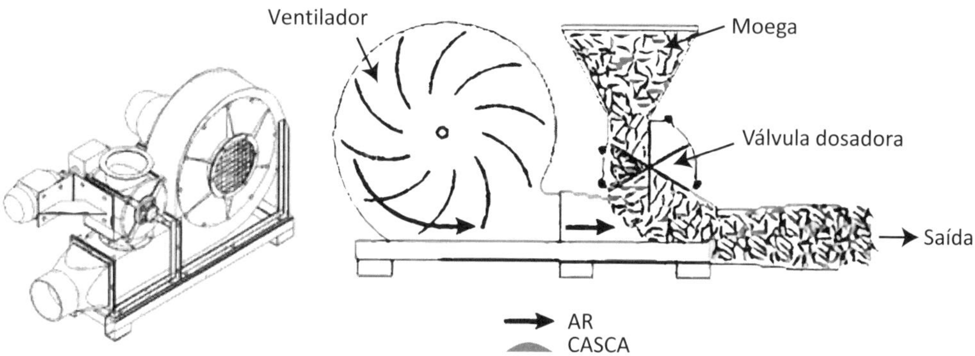

Figura 5.64 – Ventilador dosador e detalhe em corte do fluxo no seu interior.

Fonte: Adaptação de ZACCARIA, 2020.

Se o local de armazenamento do produto for um recinto fechado, por exemplo, uma casa de casca (ou depósito de casca), esta deverá ter uma área de escape para o ar dez vezes maior do que a área de entrada. Exemplo: se o diâmetro do tubo que conduz o produto é de 200 mm, esse tubo terá uma área de 31.400 mm^2 (calculado por π r^2); assim, a área de escape da casa de casca deverá ser de 10 × 31.400 = 314.000 mm^2 ou 0,314 m^2.

5.7.2 ROSCA TRANSPORTADORA

Esse equipamento é destinado ao transporte horizontal ou inclinado de cereais ou similares. Em geral, é instalada no topo de silos para sua carga, no interior do silo (rosca varredora) para concluir a descarga e na base do silo para sua descarga. Neste último caso, é importante projetar espaço suficiente para realizar a limpeza periódica do local.

A rosca é removida e um operário tem que limpar o espaço.

Esse tipo de transportador pode oferecer:

- várias entradas e saídas de produto;
- helicoide à direita ou à esquerda, no mesmo eixo, possibilitando bidirecionamento de fluxo;
- inversão no sentido de transporte, com simples inversão no sentido de rotação do acionamento.

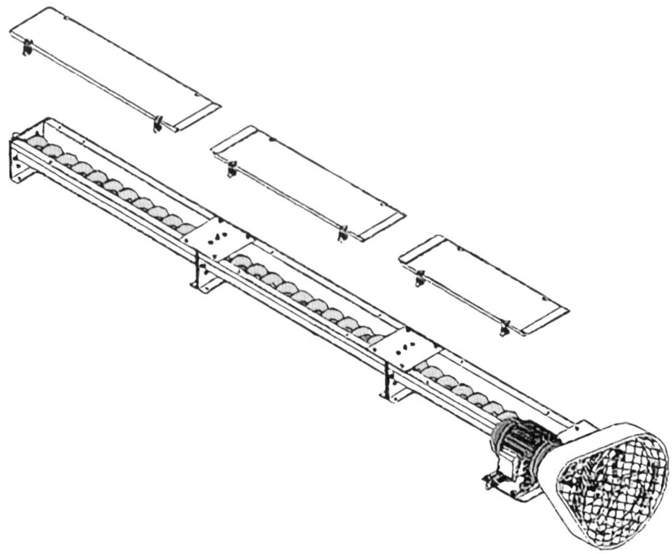

Figura 5.65 – Rosca transportadora.

Fonte: Adaptação de ZACCARIA, 2020.

Os principais componentes são:

Acionamento: sistema destinado a dar movimento à rosca. O acionamento pode ser por correias em V motorredutoras.

Módulo: é o corpo da rosca, que, montado em série, forma o transportador.

Tampa: é o fechamento da caixa do módulo.

Caracol ou helicoide: parte de chapa que circunda o eixo central e é desenvolvida na forma de uma espiral, que irá arrastar o produto.

Cabeceira: destina-se ao fechamento das extremidades do transportador e apoia os mancais externos que suportam as pontas do eixo.

A Tabela 5.2 mostra algumas características técnicas de roscas transportadoras.

Tabela 5.2 – Capacidade em $t.h^{-1}$ de roscas transportadoras

Modelo	4"	6"	8"	10"	12"	14"
Arroz em casca ρ = 600 kg/m³	3 157 RPM	10 157 RPM	20 157 RPM	40,0 157 RPM	31 90 RPM	49 90 RPM
Arroz beneficiado ρ = 800 kg/m³	4 157 RPM	15 157 RPM	30 157 RPM	50 157 RPM	41 90 RPM	65 90 RPM

Fonte: Adaptação de fórmulas de MILMAN *et al.*, 2014.

5.7.3 CORREIA TRANSPORTADORA

É o componente responsável pelo transporte horizontal ou inclinado do produto. Recebe o movimento fornecido pelo acionamento e desliza sobre roletes blindados, tendo assim pouco atrito e baixo consumo de potência e energia. É construída com material à base de PVC, considerado atóxico.

Pode ser instalada no topo de silos e de armazéns graneleiros para sua carga ou no subsolo, em túneis, para descarga. Nesses locais, é essencial manter a limpeza não só por uma questão de higiene, mas para não haver risco de explosão de pó.

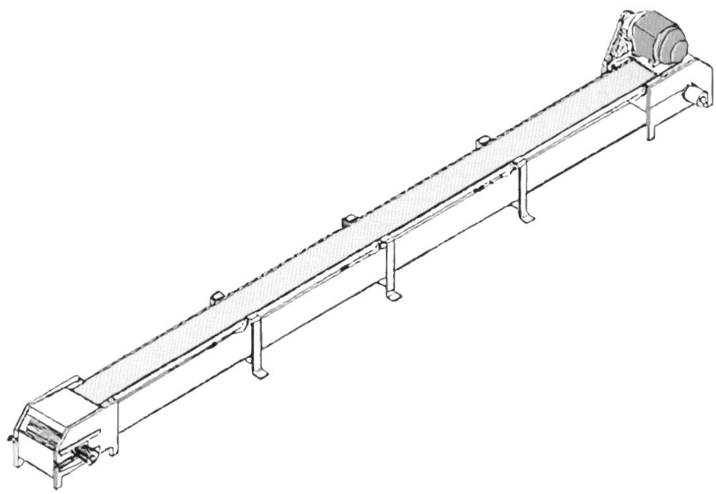

Figura 5.66 – Correia ou fita transportadora.

Fonte: Adaptação de ZACCARIA, 2020.

A correia transportadora tem os seguintes componentes:

Proteção da correia: proteção para que nenhum tipo de sujeira se misture com o produto transportado.

Sistema de esticamento: como o nome diz, esse sistema mantém a correia esticada, é simples e de fácil acesso.

Tambor de acionamento: embora seja chamado de tambor, tem formato cônico, evitando assim que haja deslocamento da correia sobre sua superfície.

Roletes blindados: os roletes são blindados no conjunto de acionamento, no conjunto de retorno e em toda a extensão, como apoio da correia, colaborando para a durabilidade desta, diminuindo o atrito da correia no seu movimento e diminuindo o consumo de potência. O posicionamento dos roletes em V permite um abaulamento da correia para conter a carga.

Pés de sustentação: algumas correias transportadoras são equipadas com pés de sustentação, evitando que no momento da instalação seja necessário construir apoios para o equipamento.

Módulos: como os módulos são padronizados, se houver necessidade de aumentar o comprimento do transportador, somente é necessário colocar mais um módulo. Os módulos são unidos por emendas padronizadas, facilitando a montagem e/ou a manutenção.

Acionamento: o acionamento por polias direto no eixo de transmissão possui vantagem sobre redutores, pois evita futuras manutenções no eixo, preocupação com o nível de óleo e o rendimento de transmissão, é barato e de fácil manutenção, entre outras vantagens.

As vantagens da correia transportadora sobre outros tipos de transportadores são:

- maior capacidade de transporte;
- melhor desempenho para o transporte inclinado;
- não produz quebra de arroz no transporte.

5.7.4 ELEVADOR DE CANECAS

É um transportador vertical, com corpo modular, composto de pé, corpo e cabeça. O corpo possui duas pernas, uma com canecas (caçambas) ascendentes e outra com canecas descendentes. As canecas são afixadas em uma correia. A polia motora dessa correia fica na cabeça do elevador, e a polia tipo gaiola, no pé do elevador.

Os elevadores devem ser providos de escada de proteção e plataforma superior com guarda-corpo. Estaiados para manter a posição vertical, são instalados a uma distância tal que a tubulação de descarga tenha pelo menos 45°, para não reter grãos e não sofrer excesso de desgaste.

A carga é realizada no pé do elevador, na posição anterior ou posterior. Já a descarga ocorre na cabeça do elevador, podendo ter mais de uma saída, por bifurcadas ou trifurcadas.

Os elevadores são classificados conforme o tipo de descarga: centrífuga, positiva ou interna (mais usada em sementes).

As caçambas também podem ser de diferentes tipos: normal, contínua, para farelo ou para sementes.

O elevador, preferencialmente, deve ser instalado no nível do solo, mas nem sempre isso é possível. Às vezes é necessário que ele seja instalado dentro de um poço, para reduzir sua altura e, consequentemente, a distância até o equipamento que ele abastece. O poço do elevador deve ser protegido de infiltração de água do solo e construído com dimensões que permitam fácil limpeza e segurança para o operador, uma vez que a fermentação dos grãos que caem no poço gera gases asfixiantes. O poço deve ser coberto na superfície, como medida de segurança, para evitar quedas.

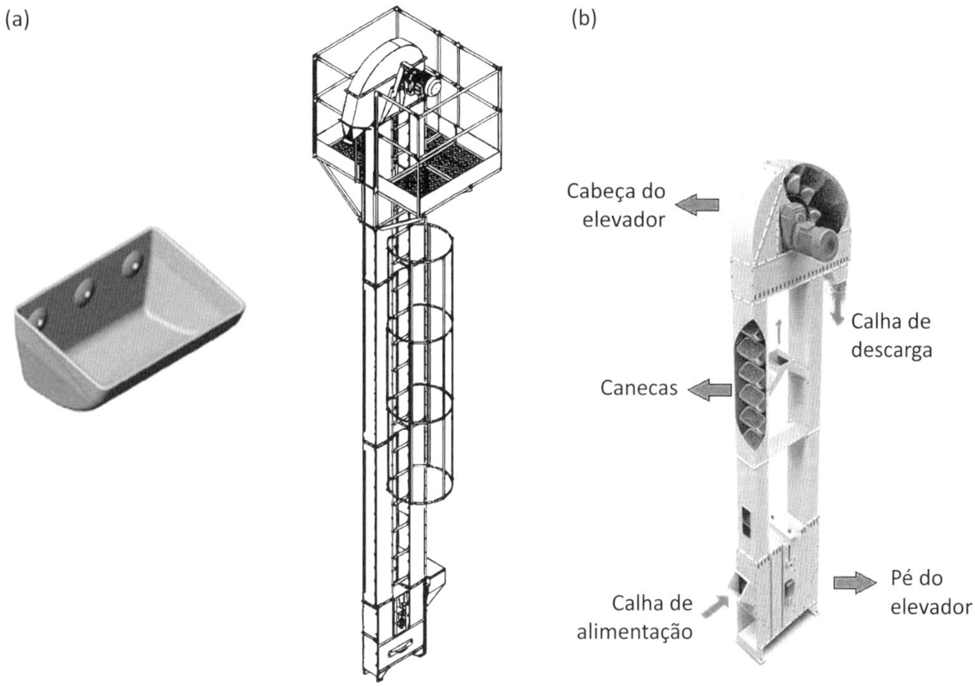

Figura 5.67 – Elevador de canecas.

Fontes: a) Adaptação de ZACCARIA, 2020; b) Adaptação de SILVA, FRITZEN e DALEFFE, 2018.

5.7.5 OUTROS TRANSPORTADORES

Além dos transportadores mencionados anteriormente, os dutos que interligam os equipamentos devem ser considerados meios de transporte da massa de grãos. Eles também necessitam ser projetados para manterem um ângulo de pelo menos 45° com a horizontal para escoar devidamente os grãos. Se a queda for muito acentuada, é necessário instalar dispositivos amortecedores ao longo da tubulação.

Outro tipo de transportador é o pneumático, cujo sistema funciona por sucção, com pouco dano mecânico ao produto.

Deve-se observar que o arroz com casca é muito abrasivo, causando constantes perfurações, especialmente em pontos onde há choque da massa de grãos contra uma superfície metálica. Com o objetivo de evitar interrupções na UBG (Unidade de Beneficiamento de Grãos) para manutenções constantes, podem ser instalados nesses pontos revestimentos emborrachados ou de um material amortecedor de impacto.

No final da linha de processamento de arroz é comum existirem esteiras móveis para transportar os fardos de arroz e empilhadeiras para mover os *pallets* com os fardos.

5.8 ELEMENTOS DE ARMAZENAMENTO TEMPORÁRIO

5.8.1 SILOS OU CAIXAS DE PADRONIZAÇÃO

O silo de padronização é utilizado para misturar o arroz inteiro com o quebrado, de forma a se obter vários tipos de arroz para a comercialização.

Os silos de padronização podem ter opcionalmente várias divisões internas, em função da quantidade de tamanhos de grãos selecionados e capacidade de armazenagem.

Esses silos são modulados, permitindo ampliações futuras e várias opções de montagem, sempre respeitando a capacidade total de cada modelo.

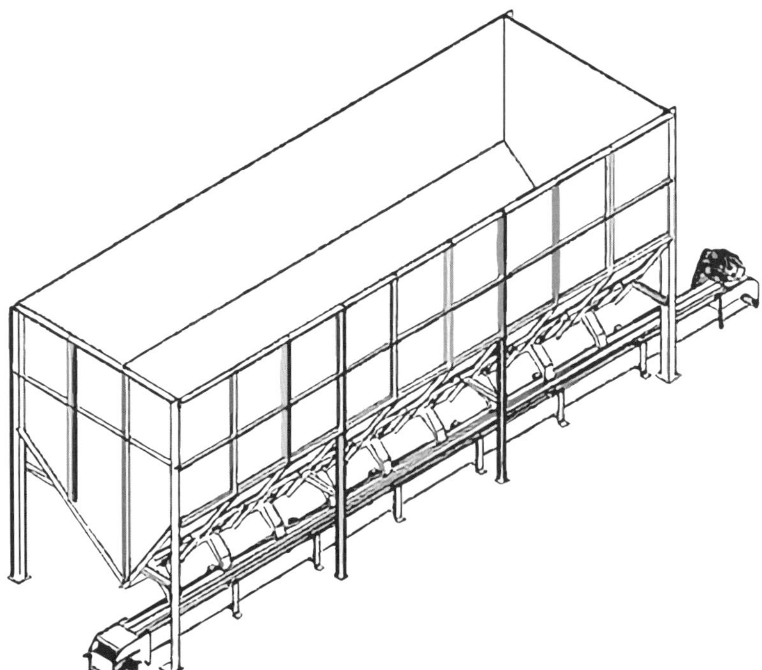

Figura 5.68 – Vista de um silo ou caixa de padronização.

Fonte: Adaptação de ZACCARIA, 2020.

5.8.2 CAIXAS ARMAZENADORAS

Caixa armazenadora é a designação recebida para depósitos que possuem a função de estocar temporariamente determinada quantidade de produto, visando homogeneizar ou distribuir a carga de grão, também para reter o fluxo durante manutenções ou regulagens rápidas em equipamentos sem paralisar totalmente o processo ou ainda para adequar ou conciliar sistemas de carga/descarga.

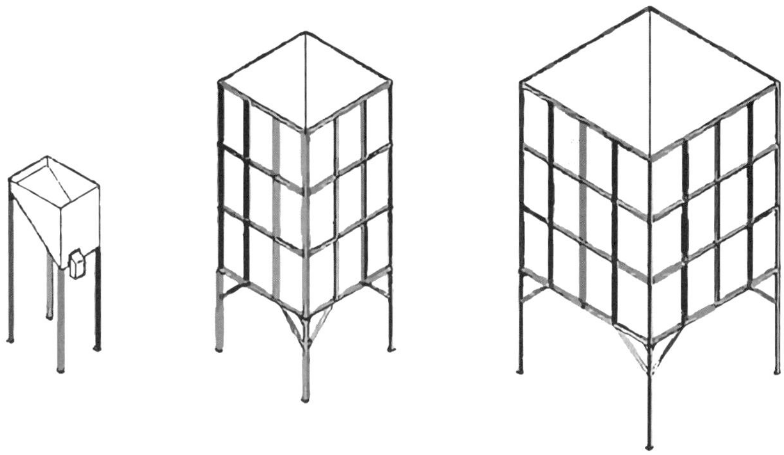

Figura 5.69 – Vista de três tipos de formatos de caixas.

Fonte: Adaptação de ZACCARIA, 2020.

Também são usadas para armazenar temporariamente os grãos durante a temperagem ou enquanto aguardam a secagem. Na expedição, se forem elevadas o suficiente para descarga em um caminhão, são chamadas de tulhas e podem expedir a granel, algo bastante comum para o arroz em casca ou apenas casca.

Essas caixas são fabricadas em diversas capacidades e formatos, atendendo a vários tipos de produtos. Alguns fabricantes referem-se a elas como silo-pulmão.

Por exemplo, uma caixa quadrada com lado de 3 metros (27 m^3) tem a capacidade de armazenar aproximadamente 20 t de arroz beneficiado, considerando sua massa específica de 740 $kg.m^{-3}$.

Arquivo de áudio 11

Questionário 11

CAPÍTULO 6

Subprodutos e derivados

O processamento do arroz é potencialmente gerador de resíduos, muitos dos quais possuem valor agregado ou podem ser revalorizados e reaproveitados. Os resíduos sólidos são a casca, o farelo e os grãos quebrados.

Os grãos inteiros podem ser transformados em flocos ou arroz expandido ou ainda em farinha de arroz, a qual não possui glúten. O arroz integral tem sido embalado e comercializado apelando para suas qualidades nutricionais, sendo mais saudável que o arroz branco.

No Japão, o arroz é matéria-prima para a fabricação de uma aguardente: o saquê. O arroz é também usado como parte do mosto na fabricação da cerveja.

Palha, casca, farelo e quebrados são subprodutos resultantes da colheita e processamento do arroz.

A palha é usada como:

- alimento do gado (algumas vezes é tratada com ureia para aumentar a digestibilidade);
- material para construção de telhado de sapé;
- feixes unidos com esterco de gado para queima (Bangladesh);
- cama para o cultivo de cogumelos;
- cobertura vegetal para horticultura;
- matéria-prima para a fabricação de papel.

Algumas alternativas para o uso da casca são:

- como combustível para queima em fornalhas na forma original ou como briquetes, devido ao seu baixo custo, em especial nos próprios engenhos de arroz, podendo atingir temperaturas de até 1.000 °C, para aquecer o ar de secadores e autoclaves da própria indústria arrozeira, ou ainda para fornecimento de energia elétrica pela sua queima, quando conectado a um sistema de geração;
- como material de isolamento em construções;
- como material de enchimento para embalagem de produtos delicados, como ovos;
- como cama, na criação de animais;
- como cobertura vegetal para hortas e pomares, possuindo ainda algum potencial como adubo;
- nas indústrias de cerâmicas e eletrônica, devido ao seu elevado teor de sílica, que pode chegar a 15% em massa;
- na fabricação de blocos e painéis empregados na construção civil, substituindo as fibras de madeira comumente utilizadas.

A cinza da queima da casca é um material poroso e de baixa densidade, usada:

- como pó de cimento ou componente na fabricação de blocos de cimento leve;
- na indústria de cerâmica, como massas para produção de refratários com ótimas propriedades, como alta resistência mecânica em temperaturas elevadas, maior que as dos tijolos feitos de argila;
- como absorvente de óleos;
- como pó abrasivo;
- como cobertura vegetal;
- como substrato destinado à produção de mudas de hortaliças, pelas características de porosidade, o que melhora a drenagem da água de irrigação e proporciona oxigenação das raízes.

O farelo é usado:

- como componente da ração animal, devido ao seu alto teor de óleo, tornando-se boa fonte de energia e podendo substituir o milho na avicultura;
- no Japão e na Índia, para consumo humano devido à sua composição nutritiva, tendo altos níveis de lipídeos, proteína e fósforo;
- como matéria-prima industrial na extração de óleo, por meio de solventes;

- na indústria, para a fabricação de biscoitos e bolachas;
- deteriorado, é usado como fertilizante orgânico.

O arroz quebrado e a quirera sem defeitos são usados:

- como matéria-prima na fabricação de cereais matinais;
- na fabricação de alimentos infantis, bolos, massas etc., após transformação em farinha.
- como substituto do extrato de soja ("leite" de soja), na alimentação de pessoas alérgicas à lactose e às proteínas da soja.

O arroz quebrado e a quirera com defeitos são usados como matéria-prima para ração animal, sendo facilmente digeridos por aves e suínos.

A farinha de arroz pode ser utilizada:

- como ingrediente para a produção de biscoitos, cereais matinais, fórmulas infantis, alimentos com baixa caloria e fonte de amido. Pode ser uma boa alternativa para a elaboração de bebidas compostas por extratos hidrossolúveis
- diretamente como farinha ou associada a produtos hipoalergênicos, utilizados por celíacos (pessoas com intolerância ao glúten).

Portanto, graças à busca por fontes de energias renováveis e socioambientalmente responsáveis, observa-se o potencial de aproveitamento de resíduos e subprodutos do arroz como opções saudáveis e nutritivas.

CAPÍTULO 7

Dimensionamento de uma linha de arroz branco polido e parboilizado

O objetivo da Unidade de Beneficiamento a ser dimensionada é produzir 90.000 fardos/mês de arroz parboilizado, em sistema de prestação de serviço. Sabendo-se que a parboilização inclui algumas operações na linha de arroz branco polido, pode-se também dimensionar essa linha, excluindo-se as operações típicas do processo de parboilização, sendo, consequentemente, as demais operações comuns a ambos os produtos.

1 fardo → 30 kg de arroz beneficiado

90.000 fardos → 2.700.000 kg de arroz beneficiado/mês

Obtendo-se um rendimento de 70% no beneficiamento, calcula-se quanto de arroz em casca será necessário beneficiar por mês.

2.700.000 kg de arroz beneficiado / 0,7 = 3.857.143 kg de arroz em casca, ou seja, 77.143 sacos, uma vez que 1 saco de arroz = 50 kg.

Considerando que a matéria-prima recebida venha em média com 2,5% de impurezas, será necessário receber 79.072 sacos/mês.

Calcula-se quanto de arroz em casca tem de ser beneficiado por dia, considerando que a indústria funcione 28 dias por mês (limpeza geral quinzenal).

3.857.143 kg / 28 dias = 137.755 kg de arroz em casca/dia.

Calcula-se quanto de farelo será obtido por mês, considerando que o percentual de farelo removido do arroz descascado é de 8% e que o percentual de casca é de 20%.

3.857.143 kg * 20% = 771.429 kg de casca/mês

3.857.143 – 771.429 = 3.085.714 kg de arroz descascado/mês

3.085.714 kg * 8% = 246.857 kg de farelo/mês

7.1 DIMENSIONAMENTO DA RECEPÇÃO E DO LABORATÓRIO

No local da recepção da carga de arroz, os seguintes equipamentos são necessários:

- balança rodoviária;
- caladores manuais, pneumático ou automáticos.

Quando a carga chega ao local de recepção, é pesada e amostras representativas do lote são obtidas. A quantidade de amostras e os devidos procedimentos estão especificados no Capítulo IV, "Da amostragem", da IN n.º 6/2009 (BRASIL, 2009a).

No laboratório de análise de arroz os seguintes equipamentos básicos são necessários (Figura 7.1):

- medidor de umidade por capacitância;
- medidor de umidade por destilação (para aferição do medidor expedito);
- balança de laboratório com precisão com pelo menos 2 casas após a vírgula;
- engenho de provas;
- máquina de limpeza de laboratório e jogo de peneiras;
- medidor de brancura, transparência e polimento (branquímetro);
- secador de amostras;
- divisor de amostras ou quarteador;
- conjunto de *trieurs* que acompanha o engenho de provas ou avulso;
- pinças para catação manual de defeitos;
- mesa para classificação com lupa e iluminação;
- paquímetro;
- conchas ou potes para trabalho;
- peneiras de laboratório para classificação das porções;
- minimicroscópio (opcional) para melhor visualização dos defeitos.

As operações básicas realizadas no laboratório são: quarteamento e divisão das amostras; limpeza das amostras; determinação da umidade do produto; determinação do rendimento de engenho. Uma planilha é fornecida a seguir para realizar essa determinação.

O secador de amostras pode ser utilizado para simular o comportamento do arroz quando submetido ao processamento, quando é recebido úmido.

Durante as operações de secagem e beneficiamento do arroz no engenho, em geral, amostras são trazidas da linha de processamento para aferições de umidade, de brancura e outras, de modo a controlar o processo e regular os equipamentos.

(a) (b) (c) (d)

Figura 7.1 – Alguns equipamentos de um laboratório de grãos de uma UBG (*continua*)

(e)

(f)

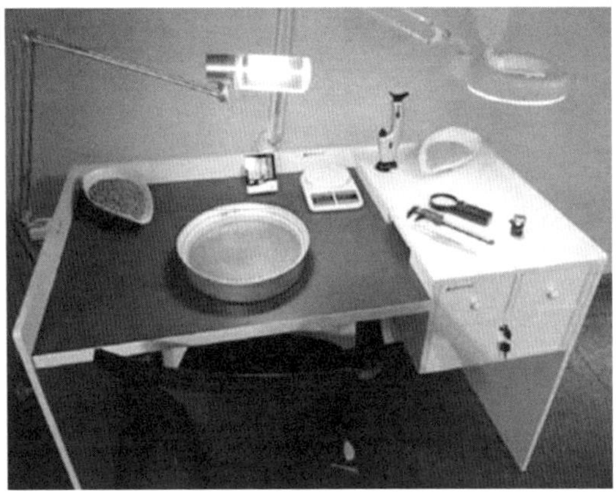

(g)

Figura 7.1 – Alguns equipamentos de um laboratório de grãos de uma UBG: a) quarteador e MAP; b) engenho de provas; c) secador de amostras; d) *trieurs*; e) determinador de umidade; f) branquímetro; g) mesa para análises de grãos. (*continuação*)

Fontes: a) a e) Adaptação de LUZ, C. A. S. da, 2011; f) Adaptação de ZACCARIA, 2020; g) Adaptação de COMAG, 2018.

Algumas medidas que podem ser tomadas são as dimensões de vários grãos para se obter uma média e enquadrar o lote nas regras quanto ao comprimento dos grãos, se longos, médios ou curtos (Figura 7.2), e para selecionar as peneiras para seleção e classificação.

Também podem ser determinadas as quantidades e tipos de defeitos, por catação manual por pessoal treinado, utilizando uma mesa com iluminação adequada, como a da Figura 7.1g.

Um teste expedito que pode ser realizado é o de porosidade (Figura 7.3). Esse teste é útil para a secagem e a aeração da massa de grãos, além de ser útil para dimensionar caixas e silos para armazenar o produto, apesar de não ser muito preciso. Consiste em encher uma proveta graduada com os grãos e medir em outra proveta a quantidade de óleo gasta para preencher os espaços vazios da amostra, que será a medida da porosidade. Um método mais preciso é com o picnômetro de comparação a ar, que, em geral, é realizado em laboratório de análise mais elaborado e não nos laboratórios de engenhos de arroz.

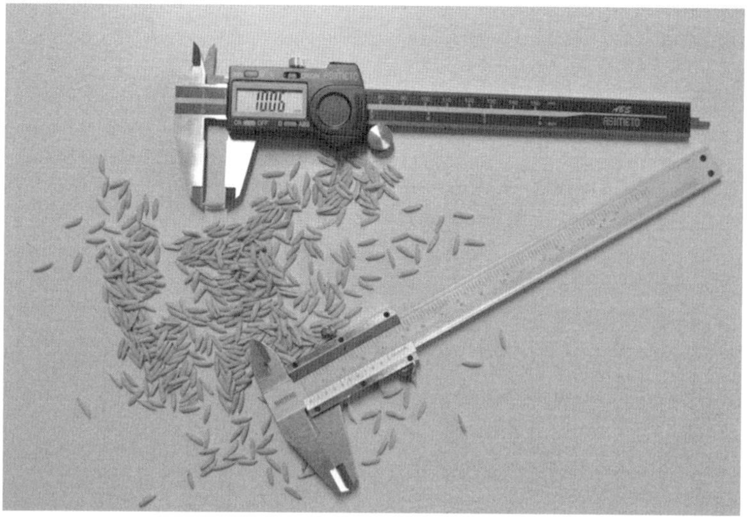

Figura 7.2 – Paquímetros digital e analógico para medição das dimensões dos grãos.

Fonte: Adaptação de LUZ, C. A. S. da, 2018.

Figura 7.3 – Provetas graduadas de 100 mL com arroz e com óleo para determinação da porosidade.

Fonte: Adaptação de LUZ, C. A. S. da, 2018.

PLANILHA PARA BENEFICIAMENTO DO ARROZ

Responsável: ____________________ Data: ____/____/______

Código	Amostra (g)	Amostra descascada (g)	Casca (por ≠)	Renda benefício	Amostra polida (g)	Farelo (por ≠)	Grãos inteiros	Grãos quebrados	Quirera	Rendimento engenho

7.2 DIMENSIONAMENTO DA MOEGA E PRÉ-LIMPEZA

A seguir serão apresentados alguns cálculos básicos como exemplo de recepção de 138 t/dia, seguindo o cálculo anterior. Foi feito um arredondamento da carga diária, que era de 137.755 kg/dia.

Uma moega é dimensionada para receber essa quantidade de matéria-prima. Considerando que o arroz com casca tenha massa específica de 550 kg/m^3, e que a moega seja dimensionada para receber a carga de 138 t em 8 h/dia.

138 t : 8 h = 17,25 t/h = 31,36 m^3

- 1 moega para 500 sc (3,50 m * 7,00 m com rebaixo 0,50 m = 44 m^3) com folga de 6.950 kg
- 1 saco de arroz = 50 kg = 0,09 m^3

550 kg --------- 1 m^3

× --------- 44 m^3 → 24.200 kg – 17.250 kg = 6.950 kg de folga

A parte de cima das moegas é coberta por barras de ferro ou outras estruturas metálicas e suas paredes têm declividade mínima de 45° para arroz ou 60° para farinhas.

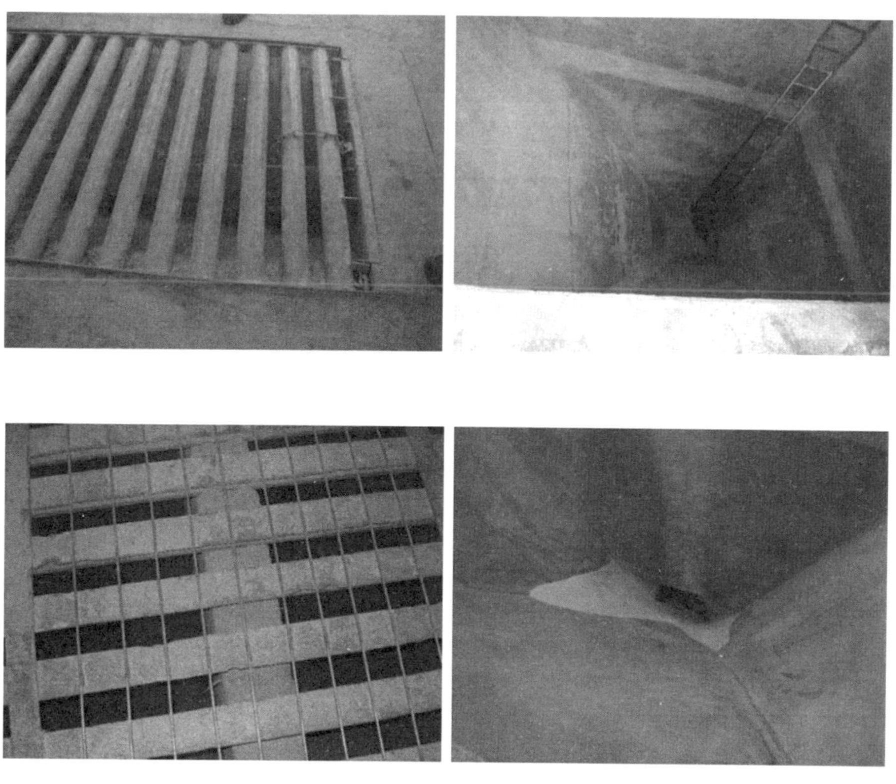

Figura 7.4 – Estruturas de moegas.

Fonte: Adaptação de LUZ, C. A. S. da, 2011.

O recebimento foi de 17,25 t/h de arroz durante 8 h/dia. O elevador da moega considerado no exemplo precisa ter uma capacidade efetiva de 15 t/h para abastecer 2 MAP de 7,5 t/h cada, conforme a Tabela 7.1 e cálculos a seguir.

Tabela 7.1 – Recebimento e pré-limpeza do arroz

Tempo (h)	Recepção na moega (t/30 min)	Saída pelo elevador (t/30 min)
0,0	0	0
0,5	8,625	7,5
1,0	9,750	7,5
1,5	10,875	7,5
2,0	12,000	7,5
2,5	13,125	7,5
3,0	14,250	7,5
3,5	15,375	7,5
4,0	16,500	7,5
4,5	17,625	7,5
5,0	18,750	7,5
5,5	19,875	7,5
6,0	21,000	7,5
6,5	22,125	7,5
7,0	23,250	7,5
7,5	24,375	7,5
8,0	16,875*	7,5
8,5	9,3750*	7,5
9,0	1,8750*	1,875
10,0	0	0

* Massa restante na moega

Observa-se que a Tabela 7.1 apresenta um cálculo estático, ao passo que o processo real é dinâmico. Portanto, enquanto o elevador vai descarregando a moega, ela vai sendo preenchida com nova carga. Na hora 7,5 da Tabela 7.1, aparentemente a carga é maior do que a capacidade da moega, porém, se este tempo for computado, por exemplo, o que ocorre a cada dez minutos, observa-se que a moega comporta a carga máxima para a qual foi dimensionada. A partir da oitava hora, quando não está se recebendo mais carga, o elevador vai trabalhar somente com o que restar na moega. O elevador foi dimensionado para trabalhar com 15 t/h, portanto, sua capacidade é de 7,5 t a cada meia hora, como mostrado na Tabela 7.1.

- 1 elevador 15 t/h para abastecer as MAP;
- 2 máquinas de pré-limpeza 7,5 t/h cada (±10 h de funcionamento/dia), para fazer a pré-limpeza de 138 t em pouco menos de dez horas. O dimensionamento do elevador e da MAP é de rendimento real, pois esses equipamentos não têm 100% de eficiência, sendo necessário conferir com o fabricante o real rendimento das máquinas.

7.3 DIMENSIONAMENTO DA ARMAZENAGEM TEMPORÁRIA

Armazenagem para 7 dias:

(138 t * 7 dias) / 6 silos-pulmão = 161 t/silo

Considerando cone + corpo

0,58 t → 1 m^3 então: 161 t → 278 m^3

Silo escolhido: corpo + cone = 288 m^3

7.4 DIMENSIONAMENTO DOS ENCHARCADORES

Esta operação e as subsequentes pertencem apenas ao fluxograma do arroz parboilizado. Se o processo for para produzir arroz branco polido, da armazenagem temporária (item 7.3), o arroz passará diretamente para os secadores intermitentes (item 7.8).

3 operações / encharcador / dia

138 t em 5 encharcadores em 3 operações/dia

Considerando que 1 saco de arroz = 50 kg, 138.000 kg = 2.760 sacos

2.760 : 5 encharcadores = 552 sacos : 3 operações = 184 sacos

Capacidade individual do encharcador = 184 sc.

Serão utilizados cinco encharcadores com capacidade de 184 sacos cada para fazer esta operação no menor tempo possível, evitando a abertura da casca e a ação aeróbica dos fungos durante a retirada e o transporte do grão. A Tabela 7.2 exemplifica como está prevista a operação dos encharcadores no decorrer do tempo.

7.5 DIMENSIONAMENTO DA AUTOCLAVE

Funcionamento 24 h/dia (28 dias/mês)

138 t/dia : 24 h/dia = 5,75 t/h (arroz em casca)

Fluxo da parboilização = 5,8 t/h

7.6 DIMENSIONAMENTO DO SECADOR DE LEITO FLUIDIZADO

Capacidade 5,75 t/h

Reduzir de 30% a 32% de umidade para 20% a 22%

7.7 DIMENSIONAMENTO DA CAIXA

A função da caixa é fazer a temperagem, ou seja, permitir aos grãos uniformizar seus conteúdos energéticos e hídricos, devido ao calor recebido na secagem e a consequente perda de umidade durante o processo. Outra função é regular o fluxo da linha.

Oito horas de armazenagem (5,75 t * 8 h = 46 t), sem considerar a perda de água.

Calculando para a pior situação:

$$m_r = \frac{m\left(U_i - U_f\right)}{100 - U_f} = \frac{5.750\ \text{kg}\left(32 - 20\right)}{100 - 20} = 862,5\ \text{kg} \cong 0,86\ \text{t de água}$$

46 t - 0,86 = 45,14 t = 902,8 sc ≅ 1.000 sc

45.140 kg: 550 kg/m^3 = 82,07 m^3

Caixa para 84 m^3

Tabela 7.2 – Operação dos encharcadores

Tempo (h)	Ench 1	Ench 2	Ench 3	Ench 4	Ench 5
0	Carga	Descarga	Processo	Processo	Processo
0,5	Carga	Descarga	Processo	Processo	Processo
1	Processo	Descarga	Processo	Processo	Processo
1,5	Processo	Carga	Descarga	Processo	Processo
2	Processo	Carga	Descarga	Processo	Processo
2,5	Processo	Processo	Descarga	Processo	Processo
3	Processo	Processo	Carga	Descarga	Processo
3,5	Processo	Processo	Carga	Descarga	Processo
4	Processo	Processo	Processo	Descarga	Processo
4,5	Processo	Processo	Processo	Carga	Descarga
5	Processo	Processo	Processo	Carga	Descarga
5,5	Processo	Processo	Processo	Processo	Descarga
6	Descarga	Processo	Processo	Processo	Carga
6,5	Descarga	Processo	Processo	Processo	Carga
7	Descarga	Processo	Processo	Processo	Processo
7,5	Carga	Descarga	Processo	Processo	Processo
8	Carga	Descarga	Processo	Processo	Processo
8,5	Processo	Descarga	Processo	Processo	Processo
9	Processo	Carga	Descarga	Processo	Processo
9,5	Processo	Carga	Descarga	Processo	Processo
10	Processo	Processo	Descarga	Processo	Processo
10,5	Processo	Processo	Carga	Descarga	Processo
11	Processo	Processo	Carga	Descarga	Processo
11,5	Processo	Processo	Processo	Descarga	Processo
12	Processo	Processo	Processo	Carga	Descarga

(*continua*)

Tabela 7.2 – Operação dos encharcadores (*continuação*)

Tempo (h)	Ench 1	Ench 2	Ench 3	Ench 4	Ench 5
12,5	Processo	Processo	Processo	Carga	Descarga
13	Processo	Processo	Processo	Processo	Descarga
13,5	Descarga	Processo	Processo	Processo	Carga
14	Descarga	Processo	Processo	Processo	Carga
14,5	Descarga	Processo	Processo	Processo	Processo
15	Carga	Descarga	Processo	Processo	Processo
15,5	Carga	Descarga	Processo	Processo	Processo
16	Processo	Descarga	Processo	Processo	Processo
16,5	Processo	Carga	Descarga	Processo	Processo
17	Processo	Carga	Descarga	Processo	Processo
17,5	Processo	Processo	Descarga	Processo	Processo
18	Processo	Processo	Carga	Descarga	Processo
18,5	Processo	Processo	Carga	Descarga	Processo
19	Processo	Processo	Processo	Descarga	Processo
19,5	Processo	Processo	Processo	Carga	Descarga
20	Processo	Processo	Processo	Carga	Descarga
20,5	Processo	Processo	Processo	Processo	Descarga
21	Descarga	Processo	Processo	Processo	Carga
21,5	Descarga	Processo	Processo	Processo	Carga
22	Descarga	Processo	Processo	Processo	Processo
22,5	Carga	Descarga	Processo	Processo	Processo
23	Carga	Descarga	Processo	Processo	Processo
23,5	Processo	Descarga	Processo	Processo	Processo

7.8 DIMENSIONAMENTO DOS SECADORES INTERMITENTES

138 t/dia = 2.760 sc / 3 operações por dia

920 sc / operação

- 2 secadores para 460 sc
- 2 roscas superiores de 120 t/h

7.9 DIMENSIONAMENTO DA SEGUNDA CAIXA PARA TEMPERAGEM

Ao final da secagem, recomenda-se armazenar o arroz parboilizado antes das operações de beneficiamento por 48 a 72 horas, para que ocorra a uniformização da textura e da umidade pelo alívio das tensões internas, sem que o rendimento de inteiros diminua. Esse tempo de espera se chama temperagem.

138 t/dia * 2,5 dias = 345 t

5 células de 69 t = 125,45 m^3 cada célula ou cada caixa

Cada caixa poderia medir 5 × 5 × 5,02 m, por exemplo.

7.10 DIMENSIONAMENTO DO SILO DE EXPEDIÇÃO DE ARROZ PARBOILIZADO EM CASCA

Caso a Unidade não possua a planta de beneficiamento (engenho), a partir daqui o arroz será expedido seco e limpo. Então, ele ficará armazenado em um silo de expedição.

±1.000 scs = 84 m^3

7.11 DIMENSIONAMENTO DO ENGENHO

Determinação do fluxo do engenho:

28 dias de funcionamento; 20 h diárias (até 4 h para manutenção e limpeza)

138 t/dia de arroz em casca

138 * 0,7 = 96,6 t/dia de arroz beneficiado

96,6 t/dia : 20 h/dia = 4,83 t/h ≅ 5 t/h

7.11.1 MÁQUINA DE AR E PENEIRAS

Capacidade de ±7,5 t/h (com capacidade de sobra, pode-se realizar melhor a limpeza do arroz que será beneficiado). Pode-se utilizar as mesmas MAP do item 7.2.

7.11.2 DESCASCADOR CONJUGADO COM CÂMARA DE CASCA

O arroz estará em temperagem antes do descascamento. Considerando que seja necessário descascar as 138 t recebidas em 1 dia, com descarga da caixa em 10 h:

- Dois descascadores em paralelo com capacidade para descascar 3.000 kg/h cada, o que significa que os descascadores vão trabalhar 23 h/dia, conforme a Tabela 7.3, para processar a carga de 1 dia de recebimento.

Tabela 7.3 – Uso dos descascadores

Tempo (h)	Saída da caixa (t/h)	Descascamento (t/h)
1	13,8	6
2	(13,8 – 6 + 13,8) 21,6	6
3	(21,6 – 6 + 13,8) 29,4	6
4	(29,4 – 6 + 13,8) 37,2	6
5	(37,2 – 6 + 13,8) 45,0	6
6	(45,0 – 6 + 13,8) 52,8	6
7	(53,8 – 6 + 13,8) 60,6	6
8	(60,6 – 6 + 13,8) 68,4	6
9	(68,4 – 6 + 13,8) 76,2	6
10	(76,2 – 6 + 13,8) 84,0	6
11	(84,0 – 6) 78,0	6
12	(78,0 – 6) 72,0	6
13	(72,0 – 6) 66,0	6
14	(66,0 – 6) 60,0	6
15	(60,0 – 6) 54,0	6

(*continua*)

Tabela 7.3 – Uso dos descascadores (*continuação*)

Tempo (h)	Saída da caixa (t/h)	Descascamento (t/h)
16	(54,0 – 6) 48,0	6
17	(48,0 – 6) 42,0	6
18	(42,0 – 6) 36,0	6
19	(36,0 – 6) 30,0	6
20	(30,0 – 6) 24,0	6
21	(24,0 – 6) 18,0	6
22	(18,0 – 6) 12,0	6
23	(12,0 – 6) 6,0	6

7.11.3 SEPARADOR DE MARINHEIROS

- 1 separador com capacidade para 4.000 a 6.000 kg/h

Este separador tem produção de arroz integral com retorno de 15% de arroz não descascado para outro descascador, em geral, com maior aperto dos roletes de borracha. A porção de mistura (arroz integral + marinheiro) retorna para ser novamente separada no próprio equipamento, conforme mostrado na Figura 5.29.

7.11.4 SEPARADOR DENSIMÉTRICO

- Produção = 9 t/h

7.11.5 BRUNIDORES

- 2 brunidores em série, com capacidade para 4.200 a 6.500 kg/h

7.11.6 POLIDORES

- 2 polidores em paralelo, com capacidade individual de 3.000 a 3.600 kg/h.

7.11.7 DIMENSIONAMENTO DA CAIXA DE CASCA

A função dessa caixa é armazenar a produção de ½ dia. Essa casca pode ser queimada na fornalha do secador. A casca representa cerca de 22% do peso do arroz.

Considerando as 5 t/h do item 7.11, tem-se:

70% ------- 5.000 kg arroz descascado/hora

22% ------- × → $x \cong 1.570$ kg/h

120 kg ------ 1 m^3/h

1.570 kg ----- × → $x \cong 13\ m^3/h$

$13 * 12$ h/dia = 156 m^3

7.11.8 DIMENSIONAMENTO DO SILO DO FARELO

Este silo destina-se a armazenar o farelo proveniente dos brunidores. O farelo representa em média 8% do peso do arroz.

70% ------- 5.000 kg arroz descascado/h

8% ------- × → $x \cong 570$ kg/h

$570 * 72$ h = 41.040 kg

350 kg -------- 1 m^3

41.040 kg ----- × → $x \cong 117\ m^3$

O silo deverá possuir funil com motovibradores para facilitar a descarga, que deverá estar a pelo menos 3,5 metros de altura.

7.11.9 SELECIONADORAS ELETRÔNICAS POR COR

- 45 kg/canal
- 5.000 kg / 45 = 112 canais

Optou-se por utilizar 2 máquinas de 64 canais para o arroz inteiro e uma máquina de 20 canais para o quebrado grande (± 4% na bica corrida).

7.11.10 BRILHADOR

- Capacidade de 1.200 a 3.000 kg/h

Optou-se por utilizar 2 brilhadores em paralelo.

7.11.11 DIMENSIONAMENTO DA ARMAZENAGEM DE ARROZ PRONTO

1 h → 5 t

48 h → 240 t

Quebrados 4% (bica corrida) → 10 t → 1 caixa

Inteiros → 230 t → 4 caixas de 58 t

7.11.12 DIMENSIONAMENTO DO EMPACOTAMENTO

3 máquinas empacotadoras → 60 pacotes 1 kg/min
→ 50 pacotes 2 kg/min
→ 35 pacotes 5 kg/min

Caixas de 160 sc cada (quatro horas de funcionamento)

7.11.13 DIMENSIONAMENTO DA ÁREA DE FARDOS PRONTOS

±150 m² * 2 m * 20 fardos = 6.000 fardos, equivalente a 2 dias de produção.

7.11.14 DIMENSIONAMENTO DA ESTAÇÃO DE TRATAMENTO DE ÁGUA

3.857.143 kg * 1,5 L/kg = 5.785.715 L / 28 dias / 8 h = 25.830 L/h

→ Tratamento: vazão: 25.830 L/h

→ Caixa de armazenagem de água: 24* 25.830 = 612.000 L

A estação de tratamento de água consiste basicamente em uma estação de bombeamento instalada no ponto de captação, grade de retenção de sólidos, calha Parshall, mistura com floculantes, agitadores de pás, tanque de decantação, filtro, cloração e depósito.

7.11.15 DIMENSIONAMENTO DA ESTAÇÃO DE TRATAMENTO DE EFLUENTES

Consumo diário de água:

25.830 L/h → água que entra no encharcamento

$$Mf = \frac{100 - Ui}{100 - Uf} Mi$$

$$Mf = \frac{100 - 13}{100 - 32} 5.750 \text{ kg/h}$$

$$Mf = 7.356 \text{ kg/h}$$

Massa de água = Mf – Mi (massa final menos massa inicial), sendo Ui a umidade inicial e Uf a umidade final dos grãos.

Massa de água = 1.605 L/h (água que entrou no tanque de encharcamento e não vai sair na água efluente).

Água efluente a ser tratada:

25.830 L/h - 1.605 L/h = 24.225 L/h

A estação de tratamento de efluente consiste em grade de retenção de sólidos, caixa de areia, calha Parshall, peneira, reator de manta de lodo, reator biológico aerado, decantador secundário e lagoas aeróbicas.

Arroz em casca

$\Downarrow$

Pré-limpeza $\Rightarrow$ matéria estranha + impurezas

$\Downarrow$

Encharcamento $\Leftarrow$ água (grão fica com 30-32% umidade e perde 3% de massa de grão para a água)

$\Downarrow$

Gelatinização

$\Downarrow$

Secagem $\Rightarrow$ água (baixar de $\pm$ 32 a 30% de umidade para 13%)

$\Downarrow$

Temperagem

$\Downarrow$

Descascamento $\Rightarrow$ ($\pm$ 22% cascas)

$\Downarrow$

Brunimento $\Rightarrow$ ($\pm$ 10% farelo)

$\Downarrow$

Seleção $\Rightarrow$ (grãos quebrados, danificados, defeituosos)

$\Downarrow$

Empacotamento

Figura 7.5 – Esquema explicativo do processo de parboilização.

CAPÍTULO 8

Análise sensorial do arroz

Nas últimas décadas, a análise sensorial passou a fazer parte das práticas em engenhos de arroz, em especial na região sul do Rio Grande do Sul. Essa é uma ciência que, segundo o Institute of Food Science and Technology (IFT), tem como objetivo provocar, medir, analisar e interpretar as reações sensoriais produzidas por atributos dos alimentos e produtos. As reações sensoriais são percebidas pelos sentidos de visão, olfato, paladar, tato e audição, sendo percebidas por diferentes regiões no cérebro.

A análise sensorial é praticada há séculos por *experts* em bebidas como vinhos, cujo degustador é chamado de *sommelier*, uma atividade que exige muita habilidade e prática. Existem também degustadores de cafés e de outros produtos. Mas a análise sensorial passou a fazer parte das análises nas indústrias de alimentos somente após os anos 1940, tendo sido estabelecidos métodos e normas somente após os anos 1970.

Os engenhos de arroz são indústrias de alimentos, embora muitas vezes não sejam caracterizados como tal, e, por isso, preocupam-se com a qualidade sensorial de seu produto final.

A rigor, existe uma metodologia específica, com testes renomados e estatística aplicada aos resultados obtidos pelos julgadores dos atributos dos alimentos, quando submetidos a testes sensoriais em painéis. Porém, nos engenhos, esses testes às vezes são feitos de modo mais simplificado, visando ao controle de qualidade para retroalimentar os processos da indústria.

A qualidade de um alimento analisado por um julgador depende de condições fisiológicas, psicológicas, sociológicas e étnicas. A avaliação do que é qualidade também depende muito do hábito alimentar de uma determinada população em uma determinada região. No caso do arroz, no Brasil, um arroz de qualidade é um grão inteiro, longo-fino, branco, que cozinhe solto. Na Ásia, porém, a qualidade do arroz está associada a outras características, sendo preferidos os grãos não tão longos, que cozinham de forma pegajosa, às vezes aromáticos, perfumados. Além disso, dependendo do uso culinário, podem ser preferidas outras características, como é o caso do arroz típico para risoto, que é chamado de arroz arbóreo, ideal para esse prato e preferido mesmo no Brasil.

Ainda não existem equipamentos ou métodos analíticos que substituam de forma plena a análise sensorial realizada por humanos. Alguns equipamentos auxiliam ou reforçam resultados encontrados por equipes compostas de julgadores. Estão em teste equipamentos com sensores que possam vir a substituir as papilas gustativas e as células olfativas humanas com precisão.

8.1 SENTIDOS E ATRIBUTOS

Através da visão uma pessoa avalia, inicialmente, a aparência de um alimento, pela sua cor, brilho, forma, tamanho, textura visual. Essas características são as que primeiramente são analisadas e causam o impulso e a decisão de compra ou não de uma determinada marca de arroz na prateleira do mercado. Também, é a visão que atrai a pessoa ao consumo do alimento na mesa. Isso fica bem claro no momento que um consumidor irá, com certeza, preferir consumir arroz cozido inteiro ao invés de arroz cozido quebrado, embora o sabor e os demais atributos sejam praticamente iguais. Então, o industrial irá se preocupar em colocar no pacote grãos inteiros para conseguir um maior valor para seu produto no mercado e associar sua marca à satisfação do consumidor por preencher seus requisitos de qualidade.

A cor do arroz nos engenhos é medida com um equipamento chamado de branquímetro e esse atributo é usado para regular os brunidores de forma a remover mais ou remover menos as camadas externas do grão, que compõem o farelo, tornando-o mais claro. Porém, se o arroz estiver amarelado devido à alta umidade durante o armazenamento do arroz branco ou devido aos processos tecnológicos da parboilização, o arroz nunca ficará tão branco como o arroz branco polido.

A cor é avaliada pela análise sensorial segundo tonalidade, luminosidade, uniformidade e pureza, podendo ser a amostra comparada a padrões de cor especificados.

O tamanho e a forma do grão relacionam-se às suas dimensões e geometria, sendo características varietais. Como o grão longo-fino, chamado de "agulhinha", é o preferido no Brasil, essas variedades são mais cultivadas.

Figura 8.1 – Amostras de arroz com diferenças de cor.

Fonte: Adaptação de LUZ, C. A. S. da, 2003.

O segundo atributo mais importante geralmente considerado por um provador é o sabor. O sabor muitas vezes é percebido junto com o aroma, o que se chama de *flavour*. O sabor em si é percebido pelas papilas gustativas da língua, existindo regiões mais sensíveis a determinados gostos que outras, como mostra a Figura 8.2.

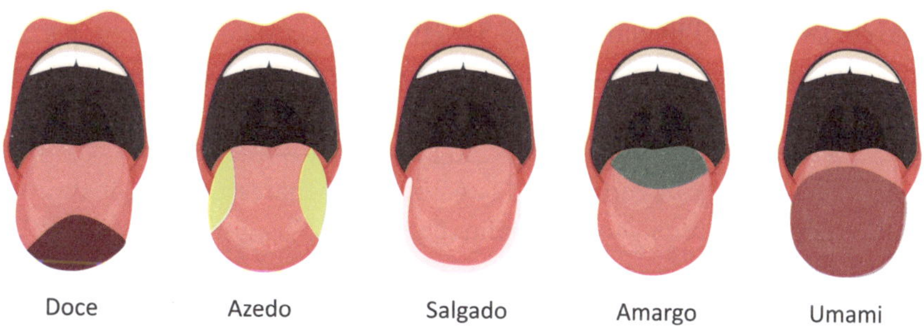

Figura 8.2 – Percepções de gostos pela língua.

Fonte: Adaptação de FURIAN, P. H. / Shutterstock.com, citado por SILVA, 2013.

Atualmente, são classificados cinco gostos: doce, azedo (ácido), salgado, amargo e umami, cujas regiões mais sensíveis da língua são mostradas na Figura 8.2. Umami significa "essência da delícia" em japonês, ou saboroso, delicioso, gosto de glutamato monossódico. O gosto umami se espalha pela língua recobrindo-a, dura mais do que os outros gostos básicos, proporciona uma sensação de dar água na boca, preenche a sensação na boca. É um gosto balanceado, uma sensação complexa do paladar.

O sabor engloba as sensações químicas orais inerentes aos cinco gostos, mas vai além, considerando sensações de irritação, calor, frio, adstringência, pungência, metálico, e englobando também sensações do olfato ortonasal, pela inspiração do ar, e retronasal, cuja origem é a boca. A adstringência é sentida em vinhos com alto teor de taninos, em nozes, em banana verde, que causam uma secura na língua que parece áspera e aderida ao palato.

O sabor do arroz para o consumidor brasileiro deve ser praticamente neutro, pois ele é consumido como acompanhamento de outros pratos e não deve sobressair. Da mesma forma, seu aroma deve ser leve e sutil. Grande parte dos consumidores brasileiros rejeita o arroz parboilizado pelo seu aroma característico, da mesma forma que o arroz tailandês por seu perfume, embora seja branco, de grãos longos e cozimento solto.

O aroma dos produtos é percebido mediante partículas voláteis que se dispersam no ar e são aspiradas. As sensações olfatórias são classificadas de diferentes formas e seguem nomenclaturas como: vanila, frutado, floral, rançoso, queimado etc. As sensações nasais são dos tipos: pungente (pimenta), refrescante etc.

A textura é um atributo bastante importante também para o arroz. A avaliação da textura inclui uma série de termos, entre eles: dureza, maciez, pegajosidade, viscosidade, coesividade, crocância, liso, rugoso, fibroso, granuloso, arenoso, suculento, oleoso etc. Junto com a textura atua a audição, com sensações de efervescência, de ruído ao mastigar relacionado à crocância, entre outros.

A textura de um produto pode definir sua aceitabilidade ou não pelo consumidor. Baseia-se em propriedades mecânicas, geométricas e de superfície do produto sentidas pelo tato bucal e também pela visão e audição.

Todos os atributos sensoriais, embora percebidos separadamente pelo indivíduo, formam no seu cérebro uma ideia da qualidade geral do produto, relacionada aos inúmeros fatores levados em consideração.

8.2 MÉTODOS DE AVALIAÇÃO SENSORIAL

A análise sensorial é uma área complexa do conhecimento que depende primeiramente da habilidade de cada julgador em perceber e expressar suas sensações relativas a um determinado produto. Esses provadores podem ser submetidos a testes específicos após um tempo de treinamento ou não serem treinados. Para qualquer caso existem testes especialmente preparados que fazem parte dos métodos.

Os métodos são:

- discriminativo;
- afetivo;
- descritivo.

Os dois primeiros citados são usados em equipes não treinadas, e o terceiro, em equipes treinadas.

O método discriminativo tem o objetivo de avaliar diferenças sensoriais entre duas ou mais amostras de um determinado produto. Utilizam-se de vinte a quarenta pessoas para identificar pequenas diferenças entre produtos. São usados cinco diferentes testes neste método. São eles:

- teste duo-trio: o julgador recebe três amostras, uma padrão e outras duas distintas, para identificar qual é a amostra idêntica à padrão;
- comparação pareada: comparam-se duas amostras;
- teste triangular: são oferecidas combinações na ordem de apresentação de três amostras, sendo duas iguais e uma diferente. O provador tem que identificar a diferente;
- teste de ordenação: são apresentadas duas ou mais amostras, e o provador tem que colocá-las em ordem de um determinado atributo;
- teste de comparação múltipla: o julgador recebe várias amostras, uma padrão e outras duas distintas, para identificar qual é a amostra idêntica à padrão.

O método afetivo visa avaliar a preferência ou aceitação dos consumidores em relação a um ou mais produtos. São testes feitos com um grande número de pessoas não treinadas, em torno de cem pessoas. Os testes são:

- teste de preferência: o consumidor escolhe sua amostra preferida;
- teste de aceitação: o consumidor indica quanto gosta ou desgosta de um determinado produto.

O teste de preferência pode ser pareado, quando o julgador recebe duas amostras e indica sua preferida, ou de ordenação, quando pode receber várias amostras para colocá-las na ordem de sua preferência.

No teste de aceitação são usadas escalas hedônicas (gostei ou não gostei), em geral com nove níveis. Esse termo vem do grego e significa prazer. Pode ser utilizado em crianças não alfabetizadas quando se substituem os termos hedônicos por cinco a nove carinhas, indo da satisfação à insatisfação, por exemplo, então chamada de escala facial, e a criança marca a carinha com a qual se identifica perante o produto em teste. Os termos podem ser: adorei, gostei, indiferente, não gostei, detestei. Já uma escala hedônica estruturada, com nove pontos, traz os termos: 9 – gostei muitíssimo; 8 – gostei muito; 7 – gostei moderadamente; 6 – gostei ligeiramente; 5 – nem gostei/nem desgostei; 4 – desgostei ligeiramente; 3 – desgostei moderadamente; 2 – desgostei muito; 1 – desgostei muitíssimo. Essa escala pode ter menos pontos, cinco, por exemplo. Pode também ser não estruturada, quando na ficha de avaliação se apresenta uma linha horizontal em que aparecem os termos desgostei muitíssimo e gostei muitíssimo nas duas extremidades e o julgador faz um traço no ponto que ele entende corresponder à sua avaliação. O avaliador das fichas mede na escala e anota onde foi feito o traço, traduzindo para números.

Também podem ser usadas escalas de atitude para a pessoa expressar com que frequência ela consumiria aquele produto ou compraria ou não aquele produto.

O método descritivo visa avaliar atributos sensoriais, com provadores selecionados e treinados para identificar e quantificar as sensações de um produto.

A técnica mais usada é a análise descritiva quantitativa (ADQ®).

Dentro dos testes descritivos pode-se avaliar perfil de sabor, perfil de textura e ADQ com oito a doze julgadores treinados. Esses julgadores passam por recrutamento, seleção, treinamento, prova de desempenho, até chegarem à análise descritiva, em um processo que pode levar meses.

Os resultados dos testes ADQ, em geral, são expressos em gráficos tipo aranha, para identificar facilmente a evolução do treinamento ou a pontuação de cada requisito na análise final. Um exemplo desse gráfico é mostrado na Figura 8.3.

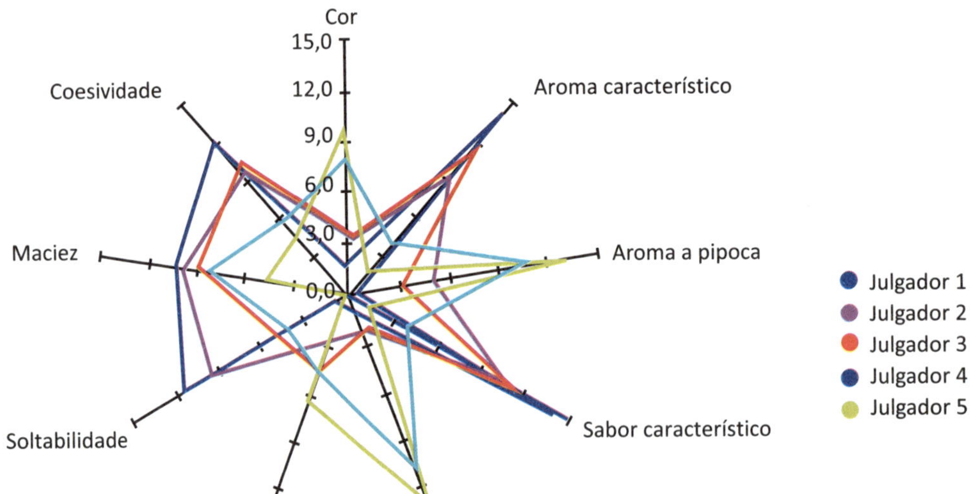

Figura 8.3 – Exemplo de gráfico aranha mostrando resultados de ADQ de arroz.

Fonte: Elaboração própria.

O perfil de textura utiliza atributos como: dureza, coesividade, viscosidade, elasticidade, adesividade, fraturabilidade, mastigabilidade e gomosidade, com suas definições e procedimentos de teste, definidos pela ABNT-ISO 11036:2017 (ABNT, 2017a).

Os resultados da análise sensorial de alimentos e de outros produtos são submetidos a testes estatísticos como ANOVA, com comparação de médias por teste de Tukey ou por métodos estatísticos não paramétricos.

As avaliações devem ser realizadas em um ambiente de teste que esteja em conformidade com a NBR-ISO 8589:2015 (ABNT, 2015). Se ocorrerem em laboratório de análise sensorial, são realizadas em cabines individuais, com iluminação adequada. As amostras são oferecidas com códigos aleatórios de três dígitos e com instruções para serem testadas da esquerda para a direita, com água para limpar a boca no caso de testes gustativos. Os materiais e utensílios devem ser selecionados pelo supervisor do teste de acordo com a natureza do produto, o número de amostras etc., para não afetarem os resultados do teste.

8.3 TESTES DE LABORATÓRIO PARA O ARROZ

Muitas indústrias de beneficiamento de arroz estão começando a adotar testes sensoriais e outros testes de qualidade para avaliar a qualidade do produto. Em geral, os testes iniciais são aqueles mais fáceis de realizar, com materiais simples.

Os testes mais comumente utilizados para determinar a qualidade do arroz são aqueles que simulam seu consumo nas residências e restaurantes. Desse modo, características como tempo de cozimento, volume de água necessário à cocção, absorção de água e expansão de volume são determinados por meio de teste de cocção. Esse teste avalia o rendimento dos grãos de arroz, parâmetro este de grande importância para o consumidor.

8.3.1 AVALIAÇÃO DE RENDIMENTO DO ARROZ

O rendimento do arroz na panela, ao ser cozido, é um importante atributo de qualidade considerado pelo consumidor. Ao arroz não deve ser adicionado sal nem óleo.

O procedimento do teste consiste em pesar 35 g de arroz descascado, polido e classificado. Coloca-se esse arroz em uma proveta e se lê o volume. Transfere-se o arroz para um béquer (de tara conhecida), acrescentam-se 120 g de água limpa a 98 ± 1 °C, medida na proveta, e cozinha-se o arroz em banho-maria até que não reste mais água, o que leva cerca de 45 minutos em fogo brando.

O teste também poderia ser realizado em uma panela de alumínio em fogão convencional, mantendo os mesmos controles de medidas, porém aumentando proporcionalmente as quantidades.

Figura 8.4 – Teste de cocção do arroz em banho-maria para determinar o rendimento.

Fonte: Adaptação de LUZ, C. A. S. da, 2016.

Em seguida, lê-se o volume do arroz cozido no béquer e, após esfriar, pesa-se o arroz cozido. A partir dessas leituras pode-se calcular, com os dados do exemplo a seguir:

a) o rendimento (η) em volume:

$$\eta = \frac{V_{f\ cozido}}{V_{i\ cru}} \times 100 = \frac{165\ mL}{45\ mL} \times 100 = 366{,}67\%$$

sendo: V_f = volume final e V_i = volume inicial

b) o rendimento (η) em peso:

$$\eta = \frac{\overline{P}_{f\ cozido}}{\overline{P}_{i\ cru}} \times 100 = \frac{135\ g}{35\ g} \times 100 = 385{,}71\%$$

sendo: $\overline{P}_f$ = peso final e $\overline{P}_i$ = peso inicial

8.3.2 AVALIAÇÃO DE TEMPO DE COCÇÃO DO ARROZ

A temperatura de gelatinização (T_G) é utilizada como medida indireta da qualidade do arroz. O teste avalia o índice de resistência à cocção, que está relacionado à propriedade do amido e determina o tempo de cozimento. Variedades de arroz com T_G alta requerem mais água e mais tempo de cozimento que aqueles que apresentam T_G intermediária ou baixa. Grãos com T_G alta tendem a ficar duros e malcozidos, ao contrário de grãos com T_G baixa, que ficam mais macios e podem até mesmo se desintegrar completamente se cozidos além do ponto.

O procedimento, baseado na técnica proposta por Juliano e Bechtel (1985) e Bassinello *et al.* (2004), é realizado colocando-se 10 g de arroz cru em um béquer de 250 mL e adicionando-se água destilada a 98 ± 1 °C. Após dez minutos de cocção, retiram-se 10 grãos e estes são prensados entre duas lâminas de vidro. Repete-se esse procedimento a cada minuto, até que pelo menos 90% dos grãos não apresentem centro opaco. Adicionam-se mais dois minutos a esse tempo para padronizar. Este, então, será o tempo de cocção estabelecido.

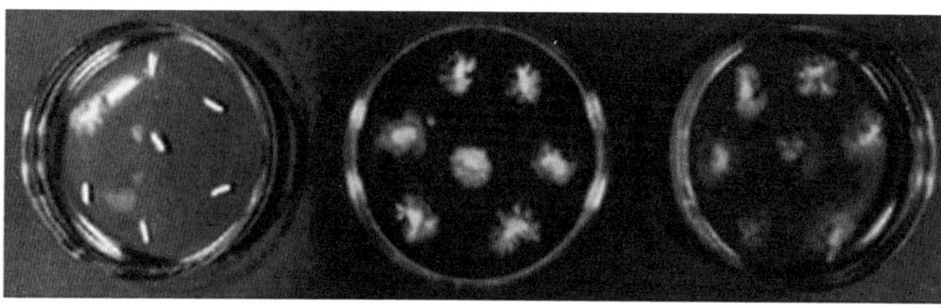

Figura 8.5 – Teste para determinar o tempo de cocção do arroz. Da esquerda para a direita, grãos com T_G alta, T_G média e T_G baixa.

Fonte: Adaptação de BASSINELLO *et al.*, 2004.

Figura 8.6 – Panela apropriada para testes de cocção de arroz em laboratório.

Fonte: Adaptação de BASSINELLO *et al.*, 2004.

Arquivo de áudio 12

Questionário 12

Referências

ALI, N.; OJHA, T. P. Determination os optimum soaking condictions for parboiling of paddy. *RPEC Reporter*, v. 2, n. 1, p. 17-20, 1976.

AMATO, G. W. *Arroz de A a Z*. Porto Alegre: IRGA, 2017. 136p. Disponível em: https://issuu.com/lavouraarrozeira/docs/arroz_de_a_a_z.final. Acesso em: 8 jun. 2020.

AMATO, G. W. *Arroz parboilizado: método de determinação de grãos não-gelatinizados*. Porto Alegre: CIENTEC, 1988. 16p. (Boletim Técnico nº 5).

AMATO, G. W.; BITTENCOURT, D. M.; GUINDANE, A. C. *Parboilização do arroz: parâmetros de encharcamento*. Porto Alegre: CIENTEC, 1989. 41p. (Boletim Técnico nº 17).

BHATTACHARYA, K. R. Breakage of rice during milling, and effect of parboiling. *Cereal Chem.*, v. 46, p. 478-485, 1969.

BHATTACHARYA, K. R. Parboiling of rice. *In*: JULIANO, B. O. *Rice: chemistry and technology*. St. Paul: American Association of Cereal Chemists, 1986. cap. 8, p. 289-348.

BHATTACHARYA, K. R.; ALI, S. Z. Changes in rice during parboiling, and properties of parboiled rice. *Advances in Cereal Sci. & Tecnol.*, v. 7, p. 105-167, 1985.

BHATTACHARYA, K. R.; ALI, S. Z.; SWAMY, Y. M. I. Commercial during of parboiled paddy with LSU dryers. *J. Food Sci. Tecnol.*, v. 8, p. 57-63, 1971.

BHATTACHARYA, K. R.; SWAMY, Y. M. I. Conditions of drying parboiled paddy for optimum milling quality. *Cereal Chem.*, v. 44, p. 592-600, 1967.

BROOKER, D. B.; BAKKER-ARKEMA, E. W; HALL, C. W. *Drying cereal grains*. Westport, Connecticut: The AVI Publishing Company, 1974. p. 88-128.

CALDERWOOD, D. L. Rice drying and storage studies. *The Rice Journal*, p. 63, 1972.

CHATTOPADHYAY, P. K.; KUNZE, O. R. Fissuring characteristics of parboiled and raw milled rice. *Transactions of the ASAE*, St. Joseph, Mich., v. 29, n. 6, p. 1760-1766, 1986.

FONSECA, H. *et al. Arroz: produção, pré-processamento e transformação agroindustrial*. São Paulo: Coordenadoria da Indústria e Comércio, [s.d.].

FONTANA, C. *Secagem de arroz parboilizado*. Santa Maria: Edições UFSM, 1986. 52p.

GARIBOLDI, F. *El sancochado del arroz*. Roma: FAO, 1974. 105p. (Cadernos de Fomento Agropecuário nº 97).

GARIBOLDI, F. Parboiled rice. *In*: HOUSTON, D. F. *Rice: chemistry and technology*. St. Paul: American Association of Cereal Chemists, 1972. p. 358-380. (Cap. 14)

HALL, C. W. *Drying farm crops*. Ann Harbor, Michigan: Agricultural Consulting Associates, 1975.

JULIANO, B. *Rice in human nutrition*. Roma: FAO – Divisão de Melhoramento Vegetal, Divisão de Genética e Bioquímica: Instituto Internacional de Pesquisa do Arroz (IRRI), 1993.

KUNZE, O. R. Fissuring of the rice grain after heated air drying. *Transactions of the ASAE*, St. Joseph, Mich., v. 22, n. 5, p. 1197-1207, 1979.

KUNZE, O. R.; CHOUDHURY, M. S. U. Moisture absorption related to the tensile strenght of rice. *Cereal Chem.*, St. Paul, A.A.C.C., v. 49, n. 6, p. 684-696, 1972.

LUH, B. S. *Rice: production and utilization*. Westport: AVI, 1980. 925p.

MARTINEZ, P. E. El secamiento del arroz en cascara. *Arroz*, Bogotá, Federación Nacional de Arroceros de Colombia, v. 2, n. 13, p. 3-5, 1953.

MARTINEZ, P. E. El secamiento del arroz. *Arroz*, Bogotá, Federación Nacional de Arroceros de Colombia, v. 17, n. 177, p. 29-30, 1968a.

MARTINEZ, P. E. El secamiento del arroz. *Arroz*, Bogotá, Federación Nacional de Arroceros de Colombia, v. 17, n. 183, p. 21-26, 1968b.

NGUYEN, C. N.; KUNZE, O. R. Fissures related to post-drying treatments in rough rice. *Cereal Chem.*, v. 61, n. 1, p. 63-68, 1984.

PILLAIYAR, P. Production of quality parboiled rice. *The Malaysian Agriculture Journal*, Kuala Lumpur, v. 53, n. 2, p. 97-105, 1981.

PUZZI, D. *Abastecimento e armazenamento de grãos*. São Paulo: Instituto Campineiro de Ensino Agrícola, 1986. 603p.

SESAY, K.; VERMA, L. R. A study of rice parboiling methods for developing countries. *Transactions of the ASAE*, St. Joseph, Mich., v. 28, n. 5, p. 1709-1713, 1985.

SHARMA, A. D.; KUNZE, O. R. Post-drying fissure developments in rough rice. *Transactions of the ASAE*, St. Joseph, Mich., v. 25, n. 2, p. 465-474, 1982.

SILVA, P. D. Arroz parboilizado. *Lavoura Arrozeira*, IRGA, Porto Alegre, v. 33, n. 310, p. 40-49, 1980.

SILVA, P. D. Secagem de arroz. *Lavoura Arrozeira*, IRGA, Porto Alegre, n. 270, p. 50-52, 1972.

SOUZA, J. G.; SILVEIRA JR., P.; KRATZ, J. H. Efeito da temperatura de secagem dos grãos de arroz sobre a qualidade do produto do beneficiamento. *Lavoura Arrozeira*, IRGA, Porto Alegre, v. 41, n. 381, p. 29-35, 1988.

STEFFE, J. F.; SINGH, R. P.; MILLER, G. E. Harvest, drying, and storage of rough rice. *In*: LUH, B. S. *Rice: production and utilization.* Westport: AVI, 1980. p. 311-359. (Cap. 8)

STIPE, D. R.; WRATTEN, F. T.; MULLER, M. F. Drying and tempering steam-treated naturally moist rough rice. *In*: ANNUAL PROGRESS REPORT, 69., 1977. *Proceedings...* Rice Experiment Station, Crowley, Louisiana, 1977, p. 57-63.

STIPE, D. R.; WRATTEN, F. T.; MULLER, M. F. Effect of drying air temperature on mill quality of steamed rough rice. *In*: ANNUAL PROGRESS REPORT, 69., 1977. *Proceedings...* Rice Experiment Station, Crowley, Louisiana, 1977, p. 64-69.

WARNOCK, W.; WRIGHT, R. Effects of drying on rice milling quality. *Arkansas Farm Research*, v. 32, n. 6, p. 4-5, 1983.

OUTRAS REFERÊNCIAS

ABIAP. Associação Brasileira da Indústrias de Arroz Parboilizado.

ABIARROZ. Associação Brasileira da Indústria do Arroz. Disponível em: https://abiarroz.com.br/uploads/estatisticas/9fd81843ad7f202f26c1a174c7357585.pdf. Acesso em: 31 mar. 2023.

ABNT. Associação Brasileira de Normas Técnicas. *NBR-ISO 11036:2017*: Análise sensorial: metodologia – perfil de textura. Rio de Janeiro: ABNT, 28 ago. 2017a. 18p.

ABNT. Associação Brasileira de Normas Técnicas. *NBR-ISO 11136:2016*: Análise sensorial: guia para testes hedônicos com consumidores em ambientes controlados. Rio de Janeiro: ABNT, 1 nov. 2016a. 49p.

ABNT. Associação Brasileira de Normas Técnicas. *NBR-ISO 13299:2017*: Análise sensorial: metodologia – orientação geral para o estabelecimento de um perfil sensorial. Rio de Janeiro: ABNT, 12 jul. 2017b. 50p.

ABNT. Associação Brasileira de Normas Técnicas. *NBR-ISO 5492:2017*: Análise sensorial: vocabulário. Rio de Janeiro: ABNT, 28 jun. 2017c. 29p.

ABNT. Associação Brasileira de Normas Técnicas. *NBR-ISO 8586:2016*: Análise sensorial: guia para a seleção, treinamento e monitoramento de avaliadores selecionados e de especialistas ou experts. Rio de Janeiro: ABNT, 20 abr. 2016b. 33p.

ABNT. Associação Brasileira de Normas Técnicas. *NBR-ISO 8589:2015*: Análise sensorial: guia para o projeto de ambientes de teste destinados à análise sensorial de produtos. Rio de Janeiro: ABNT, 21 ago. 2015. 18p.

BASSINELLO, P. Z.; ROCHA, M. S.; COBUCCI, R. M. A. *Avaliação de diferentes métodos de cocção de arroz de terras altas para teste sensorial*. Santo Antônio de Goiás: Embrapa Arroz e Feijão, 2004. (Comunicado Técnico n.º 84)

BRASIL. Ministério da Agricultura, Pecuária e Abastecimento. Instrução Normativa n.º 2, de 7 de fevereiro 2012. *Diário Oficial da União*: seção 1, Brasília, DF, 7 fev. 2012.

BRASIL. Ministério da Agricultura, Pecuária e Abastecimento. Instrução Normativa n.º 6, de 18 de fevereiro de 2009. Regulamento técnico do arroz. *Diário Oficial da União*: seção 1, Brasília, DF, 18 fev. 2009a. 24p. Disponível em: https://sistemasweb.agricultura.gov.br/sislegis/action/detalhaAto.do?method=visualizarAtoPortalMapa&chave=1687046295. Acesso em: 28 mar. 2023.

BRASIL. Ministério da Agricultura, Pecuária e Abastecimento. Secretaria de Defesa Agropecuária. Capítulo 7 – Determinação do grau de umidade. *In*: *Regras para análise de sementes*. Brasília: MAPA, 2009b. 399p.

CASTILHO MÁQUINAS BRASIL. Pedra de brunidor. Disponível em: https://www.facebook.com/Castilhomaquinasbrasil/. Acesso em: 31 mar. 2023.

CNOSSEN, A. G.; SIEBENMORGEN, T. J.; YANG, W. The glass transition temperature concept in rice drying and tempering: effect on drying rate. *Transactions of the ASAE*, v. 45, n. 3, p. 759-766, 2002.

COMAG EQUIPAMENTOS AGROINDUSTRIAIS. 2018. Disponível em: https://www.comagequipamentos.com. Acesso em: 10 dez. 2018.

CONAB. Companhia Nacional de Abastecimento. *A cultura do arroz*. Aroldo Antonio de Oliveira Neto (org.). Brasília: Conab, 2015. 180p.

DARABAS, A. M. Processo de produção do arroz da Cooperja. Disponível em: https://docplayer.com.br/13808930-Processo-de-producao-do-arroz-da-cooperja.html. Acesso em: 31 mar. 2023.

DENARDIN, C. C.; SILVA, L. P. Estrutura dos grânulos de amido e sua relação com propriedades físico-químicas. *Ciência Rural*, Santa Maria, v. 39, n. 3, p. 945-954, maio/jun. 2009.

DUTCOSKY, S. D. *Análise sensorial de alimentos*. Curitiba: Champagnat, 2011.

EDUCADOR BRASIL ESCOLA. Canal do Educador. Detecção do amido em alimentos. Disponível em: https://educador.brasilescola.uol.com.br/estrategias-ensino/deteccao-amido-alimentos.htm. Acesso em: 31 mar. 2023.

ELIASSON, A. C. *Starch in food: structure, function, and applications.* New York; Boca Raton: CRC, 2004. 605p.

FELLOWS, P. J. Raw material preparation. Food Processing Technology. 3.ed., 2009. Disponível em: https://www.sciencedirect.com/topics/agricultural-and-biological-sciences/product-grading. Acesso em: 31 mar. 2023.

FERREIRA, C. M.; PINHEIRO, B. S.; SOUSA, I. S. F.; MORAES, O. P. *Qualidade do arroz no Brasil: evolução e padronização.* Santo Antônio de Goiás: Embrapa Arroz e Feijão, 2005. 61p. Disponível em: http://abiarroz.com.br/uploads/artigos/182be0c5cdcd5072bb1864cdee4d3d6e.pdf. Acesso em: 20 jul. 2020.

GRUPO HORBACH. Secador intermitente. Disponível em: http://www.horbach.com.br/produtos/25/secador-intermitente-modelo-rh-1700. Acesso em: 31 mar 2023.

GUIMARÃES, D. S.; LUZ, C. A. S.; PERES, W. B.; LUZ, M. L. G. S.; GADOTTI, G. I. *Secagem de grãos e sementes.* Pelotas: Santa Cruz, 2015. 314p.

HENRY, R.; KETTLEWELL, P. *Cereal grain quality.* Springer, Chapman & Hall, 1996. 502p.

IMPAC Loja Virtual. Medidor de Brancura Portátil WM-106 Impac. Disponível em: https://loja.impac.com.br/medidor-de-brancura-portatil-wm-106-impac. Acesso em: 31 mar. 2023.

INDUSTRIAL PAGÉ. Disponível em: https://www.page.ind.br/downloads/imagens/#filtrar. Acesso em: 31 mar. 2023.

JULIANO, B. O.; BECHTEL, D. B. The rice grain and its gross composition. *In*: JULIANO, B. O. (ed.). *Rice: chemistry and technology.* 2. ed. Eagan: American Association of Cereal Chemists, 1985. p. 17-57.

LIMA, C. H. A. M. *et al. Seleção e treinamento de uma equipe de provadores para avaliação sensorial de diferentes cultivares de arroz.* Santo Antônio de Goiás: Embrapa Arroz e Feijão, 2006. (Comunicado Técnico nº 23).

LIMERBOR. Artefatos de borracha. Breques para brunidor. Disponível em: http://www.limerbor.com.br/site/index.php/products/cat/agricola. Acesso em: 31 mar. 2023.

LUZ, C. A. S. *Secagem de sementes de arroz em secador intermitente lento.* 1986. 103f. Dissertação (Mestrado em Ciência e Tecnologia de Sementes) – FAEM, UFPel.

LUZ, C. A. S.; LUZ, M. L. G. S.; BIZZI, L. T.; FALK, C. L.; ISQUIERDO, E. P.; LOREGIAN, R. Relações granulométricas no processo de brunimento de arroz. *Eng. Agríc.*, Jaboticabal, v. 25, n. 1, p. 214-221, jan./abr. 2005.

LUZ, C. A. S.; PERES, W. B.; LUZ, M. L. G. S.; GUIMARÃES, D. S.; GADOTTI, G. I. *Armazenamento de grãos e sementes.* Pelotas: Santa Cruz, 2015. 192p.

LUZ, M. L. G. S. *Efeitos das condições de secagem complementar à parboilização de arroz (Oryza sativa, L.) sobre suas características industrial, comercial e de consumo.* 1991. 123f. Dissertação (Mestrado em Ciência e Tecnologia Agroindustrial) – FAEM, UFPel.

LUZ, M. L. G. S.; ELIAS, M. C.; LUZ, C. A. S. Avaliação do tempo de temperagem para arroz parboilizado. *Lavoura Arrozeira*, IRGA, Porto Alegre, v. 46, n. 409, p. 3-7, 1993.

LUZ, M. L. G. S.; LUZ, C. A. S. *Determinação de umidade de grãos e sementes*. Pelotas: UFPel, 2008. 109p.

LUZ, M. L. G. S.; LUZ, C. A. S. *Operações agroindustriais para grãos e sementes*. Pelotas: Santa Cruz, 2016. 434p.

LUZ, M. L. G. S.; LUZ, C. A. S. *Tópicos especiais em biossistemas*. Pelotas: Santa Cruz, 2015. 108p.

LUZ, M. L. G. S.; TREPTOW, R. O. Comportamento de variedades tailandesas de arroz. *Revista Brasileira de Agrociência*, v. 4, p. 151-157, 1998.

LUZ, M. L. G. S.; TREPTOW, R. O. Avaliação de preferência-consumo de arroz parboilizado e branco polido. *In*: ENCONTRO REGIONAL SUL DE CIÊNCIA E TECNOLOGIA DE ALIMENTOS, 4, 1994. *Anais*... Porto Alegre, 1994.

LUZ, M. L. G. S.; TREPTOW, R. O. Caracterização sensorial de arroz parboilizado submetido a diversas condições de secagem complementar. *Cadernos de Ciências e Tecnologia*, Campinas, v. 28, n. 1, p. 56-63, 1994.

MACLEAN, J. L.; DAWE, D. C.; HARDY, B.; HETTEL, G. P. *Rice almanac: source book for the most important economic activity on Earth*. 3. ed. Wallingford: CABI Publishing, 2002. 253p.

MILMAN, M. J.; PERES, W. B.; LUZ, C. A. S. L.; LUZ, M. L. G. S. *Equipamentos para pré-processamento de grãos*. 2.ed. Pelotas: Santa Cruz, 2014. 243p.

PERES, W. B.; LUZ, C. A. S.; LUZ, M. L. G. S.; GADOTTI, G. I. *Beneficiamento de grãos e sementes*. Pelotas: Santa Cruz, 2015. 221p.

PESKE, F. B. O impacto da mesa densimétrica. *SeedNews*, Pelotas, ano XXIV, n. 4, p. 36-39, jun./ago. 2020.

QUEIROZ, M. I.; TREPTOW, R. O. *Análise sensorial para avaliação da qualidade de alimentos*. Rio Grande: Editora da FURG, 2006.

RISE. Rice Engineering Supply Co, Ltd. Disponível em: www.riceengineer.com. Acesso em: 31 mar. 2023.

SILVA, J. V.; FRITZEN, D.; DALEFFE, A. Construção de um protótipo de elevador de canecas por meio da aprendizagem baseada em problemas. Set. 2018. Disponível em: https://www.researchgate.net/figure/Figura-2-Partes-de-um-elevador-de-canecas_fig1_336550184. Acesso em: 20 set. 2021.

SILVA, M.A. Papilas gustativas. 2013. Disponível em: https://www.infoescola.com/paladar/papilas-gustativas/. Acesso em: 20 set. 2021.

SOLUÇÕES INDUSTRIAIS. Peneira de pré-limpeza. Disponível em: https://www.solucoesindustriais.com.br/empresa/metais-e-artefatos/genesis-metais-1/produtos/metais/peneira-pre-limpeza-em-aco. Acesso em: 31 mar. 2023.

STORCK, C. R. *Variação na composição química em grãos de arroz submetidos a diferentes beneficiamentos.* 2004. 121f. Dissertação (Mestrado em Ciência e Tecnologia dos Alimentos) - Universidade Federal de Santa Maria, Santa Maria, RS, 2004.

SULZBACHER, A. L. *Monitoramento da secagem de milho em secador intermitente de coluna e cavalete.* 2013. 81f. Dissertação (Mestrado em Ciência e Tecnologia de Sementes) - FAEM-UFPel.

TECLA CLASSIFICAÇÃO VEGETAL. Arroz. Disponível em: https://www.classificacaovegetal.com.br/produto/arroz/. Acesso em: 31 mar. 2013.

URBANO ALIMENTOS. Fluxograma do arroz. Panfleto de propaganda, [19__].

VENTISEC Equipamentos Agro-industriais. Medidor de brancura de arroz. Disponível em: https://www.ventisec.pt/produtos/equipamentos-laboratoriais/medidor-de-brancura-de-arroz/. Acesso em: 31 mar. 2013.

WALTER, M.; MARCHEZAN, E.; AVILA, L. A. Arroz: composição e características nutricionais. *Ciência Rural*, Santa Maria, Rio Grande do Sul, v. 38, n. 4, p. 1184-1192, jul. 2008.

WIMBERLY, J. E. Parboiling. *In*: WIMBERLY, J. E. *Technical handbook for the paddy rice postharvest industry in developing countries.* Manila: International Rice Research Institute, 1983.

XIE, S. X.; LIU, Q.; CUI, S. W. Starch modifications and applications. *In*: CUI, S. W. (ed.). *Food carbohydrates: chemistry, physical properties and applications.* Boca Raton: CRC - Taylor & Francis Group, 2005. p. 357-406. (Cap. 8).

ZACCARIA. Indústrias Machina Zaccaria S/A. Manual de produtos. 2020.

Impressão e Acabamento
Bartiragráfica
(011) 4393-2911